基于物联网的
库岸地质灾害监测
技术与应用

刘晶 彭绍才 李少林 著

中国水利水电出版社
www.waterpub.com.cn
·北京·

内 容 提 要

本书较为系统地介绍了基于物联网的库岸地质灾害监测新技术方法和工程应用实践成果，以期为推动我国库岸地质灾害监测技术发展、提高我国"防灾减灾"技术水平、保障我国高坝大库安全做出贡献。全书共分为9章：概述、基于物联网的安全监测智能采集成套装备、基于物联网的窄带视频压缩传输技术及应用、基于物联网的信息化管理平台、基于物联网的库岸地质灾害安全监测自动化系统、库岸地质灾害仪器设备率定与安装方法、仪器设备安装保护方法、库岸地质灾害地基雷达监测技术与应用实践、泥石流自动监测与预警技术应用实践。

图书在版编目（Ｃ Ｉ Ｐ）数据

基于物联网的库岸地质灾害监测技术与应用 / 刘晶，
彭绍才，李少林著. -- 北京 : 中国水利水电出版社，
2020.11
ISBN 978-7-5170-9178-3

Ⅰ．①基… Ⅱ．①刘… ②彭… ③李… Ⅲ．①物联网
－应用－水库－地质灾害－监测－研究 Ⅳ.
①TV697-39

中国版本图书馆CIP数据核字(2020)第218744号

书　　名	基于物联网的库岸地质灾害监测技术与应用 JIYU WULIANWANG DE KU'AN DIZHI ZAIHAI JIANCE JISHU YU YINGYONG
作　　者	刘晶　彭绍才　李少林　著
出版发行	中国水利水电出版社 （北京市海淀区玉渊潭南路1号D座　100038） 网址：www. waterpub. com. cn E - mail：sales@waterpub. com. cn 电话：（010）68367658（营销中心）
经　　售	北京科水图书销售中心（零售） 电话：（010）88383994、63202643、68545874 全国各地新华书店和相关出版物销售网点
排　　版	中国水利水电出版社微机排版中心
印　　刷	清淞永业（天津）印刷有限公司
规　　格	184mm×260mm　16开本　12.25印张　298千字
版　　次	2020年11月第1版　2020年11月第1次印刷
印　　数	0001—1000册
定　　价	**98.00元**

前　言

随着社会经济的快速发展以及西部水电开发进程的加快,我国水电装机规模急剧上升,装机容量每 5 年翻一番,西南地区高坝频现,坝高大多在250m 级以上,有些甚至超过 300m,属超高坝工程,高坝大库相伴而生。然而,西南地区环境恶劣,具有高海拔、高地震烈度、高寒低湿、少雨暴雨等特点,库岸边坡灾害后果严重,白格堰塞湖 4 亿漫坝库容,损失超百亿元。建库后库岸再造,库岸边坡性状发生改变,地质灾害更需关注。安全监测是掌控库岸地质灾害性态、保证大坝安全运行的有效手段。然而,由于库岸边坡范围广、分布散、交通不便、施工困难以及监测项目繁杂、类别各异、测点众多、数据庞大,库岸地质灾害监测面临采集、传输、利用三大技术难题。

长江勘测规划设计研究有限责任公司以国家重点研发项目及水利部"948"项目等为支撑,依托三峡、乌东德、构皮滩、水布垭、丹江口、南水北调等重大水利水电项目,通过 20 余年的研究,在库岸地质灾害智能监测采集装备、数据传输技术、信息管理平台、安全监测自动化等方面取得了系列研究成果,保障了重大水利水电工程的安全稳定运行。相关技术通过系统整理,整编完成《基于物联网的库岸地质灾害监测技术与应用》,以期为推动我库岸地质灾害监测技术发展、提高我国"防灾减灾"技术水平、保障我国高坝大库安全做出贡献。

本书较为系统地介绍了基于物联网的库岸地质灾害监测新技术方法和工程应用实践成果。全书共分为 9 章:第 1 章简要介绍了中国水电工程中高坝大库库岸边坡监测特点和面临的挑战;第 2 章主要对基于现代物联网技术的新型安全监测智能采集成套装备进行了系统介绍;第 3 章主要对基于物联网的窄带视频压缩传输技术及其应用进行了介绍,包括高清窄带视频加速加密传输技术、现地微波高流量传送技术、高清窄带视频监控平台、高清窄带单兵视频终端等;第 4 章对基于物联网的信息化管理平台进行了介绍,包括平台总体设计、技术架构、平台数据设计、平台研发实践等;第 5 章主要以乌东德水电站高位边坡为例对基于物联网的库岸地质灾害安全监测自动化系统进行了详细介绍;第 6 章系统介绍了库岸地质灾害仪器设备率定与安装方法;第 7 章详细介绍了仪器设备安装保护方法;第 8 章详细介绍了库岸地质灾害地基雷达监测技术与应用实践；第9章详细介绍了泥石流自动监测与预警技术应用实践。

　　本书在编写过程中得到了长江勘测规划设计研究有限责任公司翁永红大师、王汉辉教高、李伟高工的悉心指导。本书的编著和出版得到了长江勘测规划设计研究院领导的鼓励和支持，现场试验及研究工作得到了中国三峡建设管理有限公司、基康仪器股份有限公司、武汉宏数信息技术有限责任公司、长江信达软件技术（武汉）有限责任公司、上海华测导航技术股份有限公司等多家单位的热情支持和大力帮助，本书出版得到了水利部科技推广中心的具体指导和大力支持，在此一并表示诚挚感谢！

　　由于安全监测理论技术发展的阶段性和局限性，以及作者学识和水平有限，书中疏忽和不足之处在所难免，恳请读者批评指正。

作者

2020 年 10 月

目　　录

第 1 章 概　述

随着社会经济的快速发展以及西部水电开发进程的加快，我国西南地区已建或正在（即将）建设一批调节性能好的 300m 级高坝大库，如锦屏一级（305m）、小湾（292m）、溪洛渡（278m）、白鹤滩（279）、龙盘（273）、乌东德（270m）等高拱坝，其宗（356m）、双江口（314m）、两河口（295m）、长河坝（240m）等心墙堆石坝，以及马吉（270m）、茨哈峡（253m）、如美（315m）等高面板堆石坝，坝高大多在 250m 以上，有些甚至超过 300m，高坝大库相伴而生。这些高坝大库的安全建设成为中国水电建设中被广泛关注的重点问题。

西部地区复杂的地质环境和特殊的自然气候使得崩塌、滑坡等突发性地质灾害发生较为普遍，高坝大库水库蓄水及库水位周期性的循环涨落，存在进一步诱发地震、滑坡等地质灾害的潜在风险。大量调查和研究表明，在丘陵和山区水库中，因蓄水运行而造成库岸滑坡产生和复活的现象非常普遍。以长江三峡工程库区为例，仅据国务院 2002 年批复的《三峡库区地质灾害防治总体规划》，库区内就有各类滑坡、崩塌 2490 处，若包括此后在蓄水后新产生的以及后续调查中新发现的大量滑坡，其数量、规模和潜在危害是极其惊人的。高坝大库边坡的失稳破坏比其他条件下的边坡失稳破坏影响范围更加广泛，危害形式更为多样，不仅包括边坡失稳所能造成的直接危害，还存在对滑坡影响范围内的间接危害。例如：滑坡变形破坏对滑坡上的人员、建筑物及其他基础设施造成的直接危害；滑坡入库减少水库的有效库容，形成堰塞湖并堵塞河道；滑坡高速失稳后激发的次生涌浪对航运、沿岸居民以至枢纽建筑物的施工和运行造成危害。如金沙江白格滑坡一次失稳和二次失稳后形成白格堰塞湖，使金沙江水位抬高 57.44m，推算堰塞湖蓄水量约为 4.69 亿 m^3，部分村镇居民紧急转移，部分村镇被淹没。白格堰塞湖即使在有组织泄洪条件下，据官方公布的数据，云南境内迪庆、丽江、大理等 4 州（市）11 个县（市、区）共计 5.4 万人受灾，4.1 万人紧急转移安置；3000 余间房屋倒塌，2.7 万间房屋遭到不同程度损坏；农作物受灾面积 3300hm^2，其中绝收 1100hm^2；直接经济损失 74.3 亿元。由于地质问题的不确定性，高坝大坝库岸边坡稳定对高坝大库的安全运行和人民生命财产安全构成了重要威胁。

安全监测是掌控高坝大库运行性态、保证大坝安全运行的重要措施，也是检验设计成果、检查施工质量和了解大坝库岸边坡的各种物理量变化规律的有效手段。然而，高坝库岸边坡因其范围广、分布散、交通不便、施工困难，使得安全监测自动化、智能化面临较大困难。另外，随着全球工业化和信息化的深度融合以及互联网＋、大数据、云计算等信息技术的快速发展与应用，库岸边坡监测对仪器设备智能化和系统开放、互联、共享诉求提出了新的挑战。

库岸地质灾害监测项目繁杂、类别各异、测点多、数据量庞大，而传统安全监测技术和手段具有以下缺点和不足：

（1）自动采集设备利用率低。传统数据采集装置分别为 16、24 或 32 通道，用于监测点分散的库岸地质灾害时，会出现大量的空置通道，难以发挥采集设备的最大功效。

（2）电缆牵引困难。库岸地质灾害范围广、地形陡峻，各监测仪器电缆向传统采集装置汇聚牵引时，存在较大施工困难，后期管理维护十分不便。

（3）传统设备因为对供电、通信、外部环境等要求较高，在施工期无法实现监测自动化，不能对边坡仪器实现高频次在线观测，无法满足现代化智能建造的需要。

（4）单点造价高、投入大。传统库岸地质灾害监测自动化系统需使用大量电缆、光纤、中继和采集装置，实现监测自动化所需的单点造价较高。

（5）监测数据信息利用不充分，海量多类别监测数据融合与分析挖掘不足。

（6）视频安全监控流量大、传输困难、成本高，视频监控技术在库岸地质灾害安全监测中基本无法运用。传统库岸地质灾害安全监测技术和方法已难以满足运行管理部门对智能安全监测与预警的需求。

因此，基于物联网的库岸地质灾害监测技术对于保障我国高坝大库库岸地质灾害安全稳定运行具有重要意义。

第 2 章　基于物联网的安全监测智能采集成套装备

在现有水利水电工程安全监测传感技术的基础上，运用现代物联网技术，从感知层、网络层到运用层的安全监测智能采集成套装备逐渐发展起来。

2.1　G1 云终端

在传统监测采集设备的基础上，支持 RS232、LAN、WIFI、BLE、4G 全网通等多种通信方式的 G1 云终端首先发展起来（图 2.1），其可通过振弦式、标准模拟、MODBUS、雨量、柔性测斜、振弦动态采集等多种模块无缝接入各类传感器。

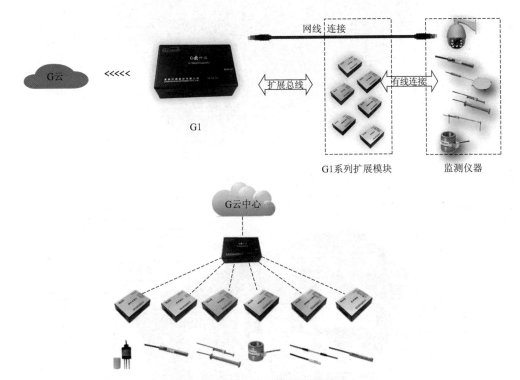

图 2.1　G1 云终端及其组网形式

1. G1 型智能监测站

（1）可接入多种类型仪器并能实现互设条件触发测量。

（2）内置大容量存储器并支持 SD 卡存储。

（3）支持多种通信方式（2G、3G、4G、LAN、WIFI、RS485、RS232 等）；支持远

程操控，可实现远程升级。

（4）在浇筑仓面达到廊道高程后，将监测仪器电缆与无线终端分离并集中引至智能监测站。

（5）智能监测站可优先使用交流供电，也可使用太阳能供电。对没有施工用电的环境，可人工定期更换蓄电池。

（6）各监测站通信方式优选无线通信方式（4G 或者 WIFI），将数据向数据中心平台传输。对于不具备无线通讯条件的站点可通过有线（光纤或 RS485）引出廊道后，再通过无线或有线方式传输。

2. G1 型智能监控主机

G1 型智能监控主机（即 G1 型云终端）如图 2.2 所示。

图 2.2　G1 型云终端

G1 型智能监控主机的接口如图 2.3 所示。

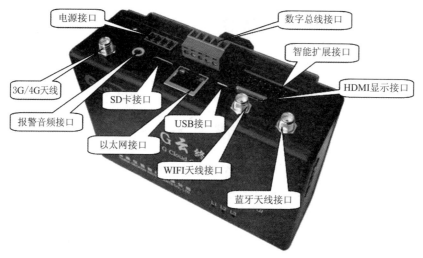

图 2.3　G1 型智能监控主机接口

G1 型智能监控主机用于安装在现场各监测站，实现对本站内的数据采集单元的操控管理，通过有线或无线方式构建现场网络系统，并实现与智能数据汇集平台通信，功能如下：

（1）支持 2G、3G、4G、LAN、WIFI 等多种通信方式，实现设备间及与数据中心或数据平台的交互。

（2）监控管理现地数据采集单元，并直接连接 BGK - Micro40 智能测量单元。

（3）具有 4G 内存并支持最大 32G 卡扩容。

（4）掉电数据保护，实时时钟管理。

（5）数据文件存取及远程升级功能。

（6）视频图像监控，可由监测数据触发实现定位拍摄、视频录像等功能。

（7）现场预警功能，支持音频报警。

（8）可通过数字总线接口接入雷达水位计、雨量计等第三方设备。

智能监测站适用于多支传感器电缆集中的部位且固定使用，可接入钢弦式、差阻式、标准信号式等各种类型的传感器。

智能监控主机和数据采集单元组成的智能监测站应具备丰富的通信方式，适应现场能力强；智能程度高，本地同时可测量多种类型的仪器并能实现互设条件触发测量；支持远程操控，系统可实现远程升级。因能实现多传感器无线传输，相对而言每只传感器的自动化成本较低。

2.2 GM1 无线智能采集终端

针对"单测点或局部区域内测点较少且分散"的库岸地质灾害监测场景需要，研发了 GM1 无线智能采集终端。GM1 无线智能采集终端是基于 2G、3G、4G 公众移动网络通信的智能数据采集装置。采集的数据直接通过互联网发送至云平台供用户查看或分析，无需任何中继或网关。采集装置自带太阳能板可为内置的大容量电池充电，适合监测点分散的野外环境使用。GM 无线智能采集终端组网方式及其应用场景如图 2.4 和图 2.5 所示。

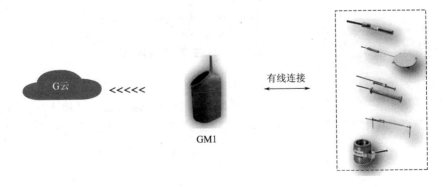

图 2.4 GM1 无线智能采集终端及其组网形式

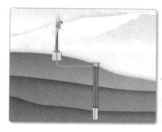

图 2.5　GM1 应用场景

GM1 无线智能采集终端可接入振弦式、差阻式、标准信号等多种传感器，适用于测点分散布置、电缆集中牵引难度大、有移动网络覆盖的环境，如远离大坝的库区库岸地质灾害、滑坡体或无线网关覆盖死角等部位，可作为其他有线或无线数据采集网络的补充。

2.2.1　GM1 系统组成

（1）电源供电。设备采用电池供电，有两种可选的电池，分别为可充电锂电池和一次性锂电池，满足不同应用场合。设备内置充电控制电路，在使用可充电锂电池对设备供电时可以采用外壳上标配的太阳能板进行充电。

（2）硬件框图。无线终端硬件主要由 CPU、采集模块、GPRS/CDMA 通信模块、RS485 接口、外部存储器、实时时钟、看门狗以及电源管理等部分组成，硬件框图如图 2.6 所示。

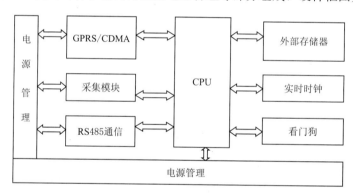

图 2.6　硬件框图

（3）内部结构如图 2.7 所示。

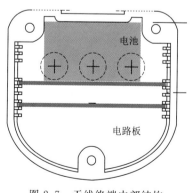

图 2.7　无线终端内部结构

2.2.2　GM1 主要功能特点

GM1 无线智能采集终端功能特点如下：

（1）兼具采集和传输功能，可接入一支仪器，包括单通道和 6 通道两种，适合单传感器如渗压计、锚杆应力计、锚索测力计或多传感器如多点位移计接入。

（2）支持 2G、3G、4G 网络通信，无须设置网关，直接将数据实时传输到数据汇聚云平台。

（3）本地可存储不低于 2000 组（次）的监测数据，确保在网络通信故障时存储的数据不丢失。

（4）自带太阳能电池板为内置电池充电，阴雨天气下内置电池可待机工作 2 个月。

（5）全密封课题，防护等级不低于 IP66，适应全天候工作。

（6）安装方便。外壳无需用户开启操作，在休眠状态下只需通过磁性钥匙唤醒调试。

2.3 GL2 无线网关

基于物联网技术，研发了适用于一定区域内有大量分散传感器监测场景的 GL2 无线网关，可支持测点数高达 6 万，可通视传输距离长达 15km，即装即用并具 IP67 防护等级，兼具市电和太阳能供电功能，可在施工期即建立在线安全监测（图 2.8）。

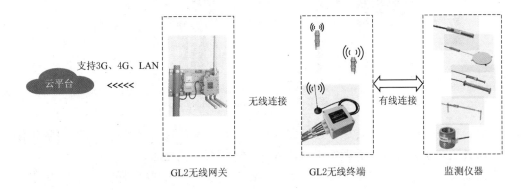

图 2.8 智能采集系统 GL2 及其网络结构

GL2 无线采集系统（包括 GL2 无线网关和 GL2 智能采集终端）主要适用于一定区域内有大量分散传感器，不易供电和布设电缆的场景，尤其适合施工期的在线安全监测。

智能采集终端基本功能特点如下：

（1）智能化、模块化结构，即装即用。

（2）支持 2G、3G、4G、LAN、WIFI 网络以及新的无线广域网传输技术，能以灵活的通信方式实现终端设备与数据汇聚平台的远程交互。

（3）扩展性强，除具有视频图像监控接入，支持雷达水位计、雨量计接入外，还应支持工情监测仪器等多种设备的接入。

（4）具有掉电数据保护及本地大容量存储功能，以及数据文件存取。

（5）支持现场预警和远程升级功能。

（6）模块化结构，安装简单。

GL2 型无线终端可接入振弦式、差阻式、电位计、标准电压及数字量等多类型的仪器，无线终端的接入通道数有单通道与 6 通道两种（图 2.9）。

单通道型无线终端采用全密封结构并且内置天线，仅有一个或 6 个电缆接口用以连接

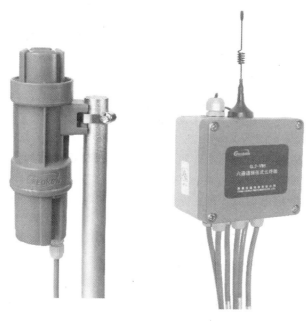

图 2.9　GL2 型无线终端

监测仪器，在现场时只需与传感器连接即可投入工作。电缆接口提供直连型与可插拔接口两种，前者适合永久连接，后者便于与读数仪连接进行人工比测。

为保证无线终端的防水密封特性，除了仪器电缆或外置天线接口外，其外壳山未设置任何开关，特殊情况下如需激活无线终端的某些功能，将配套的磁性钥匙放置在壳体标识位置附近，即可激活相应的如实时采集并上传、开启蓝牙功能等。

两种类型的无线网关的防护等级达到 IP67，并采用了高强度外壳，足可抵御现场泥沙水泥的侵蚀及人员的意外踩踏，适合在各种恶劣环境下使用。

GL2 无线终端一般可就近安装于电缆引出点，并且可采用如图 2.10 所示的多种方式进行安装固定或进行伪装（防盗）。

挂墙
用螺钉挂件固定
于墙面

抱箍安装
用喉箍固定
在立管上

插管
置于PVC顶端
或内部

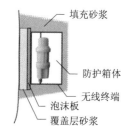

填充砂浆
防护箱体
无线终端
泡沫板
覆盖层砂浆

浅埋（伪装）
混凝土、岩石表面或地表
（仅限近距离使用）

图 2.10　GL 无线采集终端安装方式

GL2 系列无线终端主要技术参数见表 2.1。

表 2.1　　　　　　　　　　GL2 系列无线终端主要技术参数表

型号	GL2 - VW	GL2 - VW6	GL2 - VM	GL2 - DR	GL2 - LP	GL2 - SM
终端类型	振弦式单通道	振弦式 6 通道	标准信号式	差动电阻式	线性电位计式	数字式
传输网络	LoRaWAN1.01					
功能	允许连接 1 支振弦式传感器	允许连接 6 支振弦式传感器	允许 1 支标准信号式传感器	允许 1 支差动电阻式传感器	允许 1 支电位计式传感器	允许连接 1 支数字式传感器
测量范围	频率：400～3500Hz 温度：−25～80℃		电压：0～±5V 电流：4～20mA	电阻比：0.9～1.1 电阻：0～120Ω	电阻比：0～1.0 电阻：0～10kΩ	取决于传感器本身
测量精度	频率：±0.05Hz 温度：±0.25℃		电压：±2.5mV 电流：0.02mA	电阻比：±0.0002 电阻：±0.02Ω	电阻比：±0.0005 电阻：±5Ω	
分辨力	频率：±0.01Hz 温度：±0.05℃		电压：±1mV 电流：0.005mA	电阻比：±0.00001 电阻：±0.01Ω	电阻比：±0.0001 电阻：±1Ω	
负载能力			50mA@12V		0.15mA@10kΩ	50mA@12V
数据存储	1000 组（次）					
本地通信接口	蓝牙 4.0（支持蓝牙手机配置无线终端，或获取传感器读数）					
工作温度范围	−20～65℃（接受其他范围订制）					
防护等级	IP67（水下 1m 浸泡 30 分钟不进水）					
安装方式	抱箍、挂墙或浅埋					

无线采集终端与传统采集单元比具体优势见表 2.2。

表 2.2　　　　　　　　　　GL2 与传统采集单元对比表

功能项目	无 线 终 端	传 统 采 集 单 元
使用方式	无线终端与无线网关组合使用	单独使用
现场网络结构	分布式云端无线系统，网关对终端的星型结构	准分布式有缆连接，组网繁琐
云平台	可直接接入云平台	无法直接接入
供电方式	自带电池可工作 5～8 年并支持更换	交流 220V 或直流 12V
网络通信	网关：2G/3G/4G、WIFI/LAN 终端：低功耗无线广域网	232/485 通信、GPRS/CDMA
接入信号源	可接入多种信号源	需要单独配置采集模块
接入能力	无线网关最大接入能力 5000 测点	接入能力有限，单台采集单元最多 40 测点
通信距离	网关与终端的无线通信距离：5～10km（视距）	需配置光端机等外设设备
系统升级	远程自动升级	需人工现场升级
扩展性	在产添加设备，实现无限随时扩展	在产添加设备，实现有限扩展
观测房	无需建观测房或机房	需建观测房或机房
适合场景	施工期同步自动化	运营期集中电缆后自动化

无线网关主要由无线网关主机、电源模块、电源防雷模块、天线、支架等组成。

2.3.1　无线网关主机

GL2 无线网关主机如图 2.11 所示，无线网关接口如图 2.12 所示，无线网关与无线采集终端应用场景如图 2.13 所示。具体主要接口如下：

（1）LoRa 天线接口：该接口共有两个，用于连接 LoRa 天线，目前仅用一个，预留分集接口。

（2）GPS 天线接口：用于网关的定位及系统时钟授时。

（3）电源接口：供电方式分为两种，分为 220V 交流适配器供电与光伏（太阳能）供电两种，这两种网关的硬件是不同版本。具体供电方式由可根据需求选装。

（4）防水透气阀：防水透气阀是网关的呼吸孔，该接口还内置有 USB 调试接口供技术人员进行调试。

（5）以太网接口：当现场不具备 3G、4G 通信条件时，可使用以太网口经路由器或交换机连接公网。

图 2.11　无线网关主机

（6）无线回传天线接口以及 BT 接口。

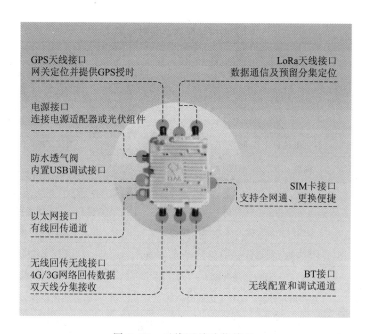

图 2.12　无线网关功能接口

GL无线网关

GL无线终端

图 2.13　无线网关与无线采集终端应用场景

2.3.2　电源模块

系统供电可选用 220V 交流供电或光伏供电。

（1）220V 交流供电。使用 220V 市电供电的无线网关，必须使用配套的电源模块（图 2.14）。配套的电源模块提供 90～290V 的宽范围适应能力，能提供最高 4A 的电流输出。

（2）光伏组件供电。支持光伏组件的无线网关内置有充电电路，当使用光伏组件供电时，可以自动为接入的蓄电池进行充电。

光伏组件供电设备包含太阳能板与 12V 蓄电池，使用光伏组件供电时，电源容量配置如下：在日照条件较好的地区，配套的太阳能板功率应不低于 100W，蓄电池容量应不小于 100Ah@12V；在光照条件较差的地区，配套的太阳能板功率应不低于 150W，电池容量应不低于 150Ah。此外，电源的供电容量取决于数据采集的频次，应根据实际情况进行配备，宜大不宜小。在寒冷地区，建

图 2.14　无线网关电源模块

11

图 2.15　无线网关电源防雷模块

议将蓄电池埋入地下，以确保蓄电池在低温环境下持续正常输出。

2.3.3　电源防雷模块

为适应库岸地质灾害室外监测，电源防雷模块，以防止通过电源线感应雷电对网关造成的损失，如图 2.15 所示。

2.3.4　天线

无线网关共设有 5 根天线，分别为广域无线网（LoRa）、GPS、LTE（3G/4G）（2 根）、蓝牙 BT 天线，每根天线上都有贴有标识。

2.3.5　无线网关固定支架

固定无线网关的支架有短背板与长背板两种，短背板通常用于无防雷要求的环境，长背板则用于有防雷需求的环境（图 2.16、图 2.17）。

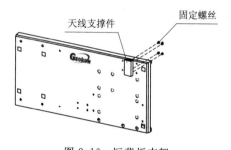

图 2.16　短背板支架

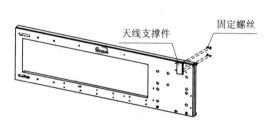

图 2.17　长背板支架

2.3.6　GL2 内置模块详细参数表

GL2 内置有标准信号 LoRa 采集传输模块、超低功耗供电模块、蓝牙 4.0 通信模块、IP67 高强度防护盒无线网关，具体参数见表 2.3。

表 2.3　　　　　　　　　　　　　GL2 内置模块详细参数表

序号	模块名称	技　术　参　数
1	标准信号 LoRa 采集传输模块	电压：0.05%FS； 电压：<0.1mV； 一次性锂电池 3.6V/6.5Ah（14Ah）； 电流消耗：13mA，接收典型值；100mA，发送典型值； 平均功耗（1 小时自报 1 次）：3.6V，6.5Ah 一次性电池可以连续工作 1～3 年（与无线网关间的网络情况相关）； 与无线网关的传输距离：5～15km（视距）；1～2km（城郊）

续表

序号	模块名称	技 术 参 数
2	超低功耗供电模块	高能量密度；稳定的高工作电压； 使用温度范围－55～85℃； 低自放电率（<1%/年）； 储存时间长（室温下可达10年）
3	蓝牙4.0通信模块	支持标准的蓝牙BLE协议； 1.3nA低功耗广播模式，150nA休眠模式，多种唤醒方式； 多种配置方式，串口AT指令，透传AT指令； 蓝牙转UART数据传输； 超远的传输距离，手机对模块可达60m； 支持修改UUID，可与其他厂家模块通信； 超小体积：长×宽×高＝(10×10×2)mm
4	IP67高强度防护盒	采集终端原厂配套设备； 高强度ABS工程塑料，开模压铸成型； 设备外形：直径×长度＝(ϕ50×150)mm
5	无线网关	系统制式：LoRaWAN1.01； 工作频率：470～510MHz； 通信速率：292～5400hit/s； 接收灵敏度：SF＝7，≤－126dB；SF＝10，≤－136dB；SF＝12，≤－142dB； 发射功率：17dbm； 天线增益：2/5dbi可选； 业务信道：8信道上行、1信道下行； 工作模式：全双工/半双工，同频/异频； 网关授时：GPS/北斗； 数据回传：4G/3G、FE可选； 整机功耗：5W（典型值）； 工作温度：－40～85℃； 整机尺寸：长×宽×高＝(180×180×45)mm； 防水防尘：IP66； 安装方式：挂墙、抱杆、天线一体化； 供电方式：市电供电、光伏供电

2.4 Micro40/G 数据采集仪

集 BGK‑Micro‑40 自动测控装置优点，与物联网技术相结合推出的工程安全自动化测量的新一代产品 BGK‑Micro‑40/GG 云版自动化数据采集仪，适用于传感器布设中，数据采集、控制要求高的场合，当内置模拟测量模块时，可测量振弦式仪器、差阻式仪器、标准电压电流信号、各类标准变送器类仪器、线性电位计式仪器的数据。模块本身具有 8/16 个测量通道，可组成最基本的 8/16 通道测量系统。每个通道均可接入一支标准的仪器，通过安装多个测量模块，最多可实现 40 个通道的测量；而内置智能测量模块时，可测量各类 RS485 输出的智能传感器。模块本身具有 8 个端口，每个端口可接入多支

RS485 输出传感器，最大接入数量为 40 支，且所有端口接入传感器数量之和不大于 40 支（图 2.18）。此外，不论内置哪一种测量模块，电源、通信接口及每个测量通道都具有防雷功能，且符合行业标准《大坝安全　监测数据自动采集装置》（DL/T 1134—2009）的要求。

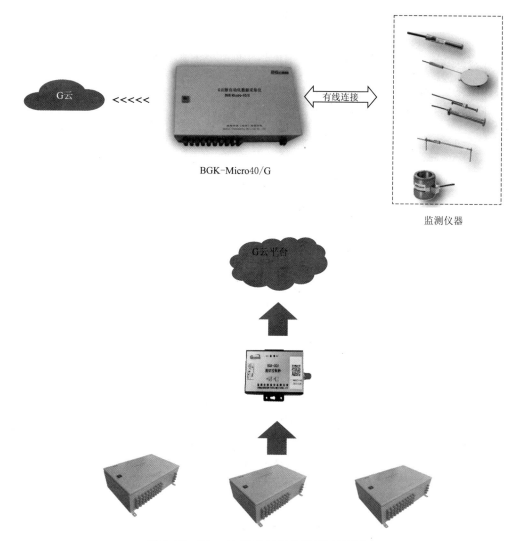

图 2.18　Micro40/G 数据采集仪其网络结构

2.4.1　自动化数据采集仪结构

自动化数据采集仪由防潮机箱，箱体内部由 8/16 通道测量模块、电源管理模块（或称电源模块）、蓄电池及电源适配器组成，同时预留光纤通信模块、CCU 无线通信控制器、人工读数接口模块、加热器等选配部件的安装接口。自动化数据采集仪的整机组成情况如图 2.19 所示。

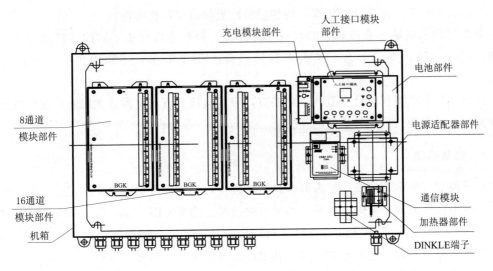

图 2.19　BGK - Micro40/G 数据采集仪结构示意图

2.4.2　电源

自动化数据采集仪内设有防雷电源管理模块,负责模块供电及蓄电池的充放电管理,用于控制内置免维护蓄电池的充放电并为自动化数据采集仪提供电源(图 2.20)。正常情况下,外接的 220V 交流电源经电源管理模块稳压净化后为测量模块等电气部件提供工作电源,同时对内置的蓄电池进行充电。若外接电源因故中止供电,内部供电电路将自动切换为蓄电池供电。电源管理模块设有蓄电池保护电路,当电池充满或电池长时间供电后产生欠压时,模块将自动切断充电回路或供电回路,以保护蓄电池免受因过充或过放电导致

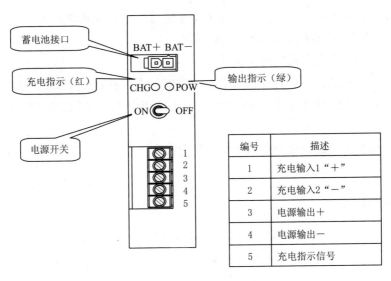

编号	描述
1	充电输入1"+"
2	充电输入2"-"
3	电源输出+
4	电源输出-
5	充电指示信号

图 2.20　电源管理模块

15

的损害。在不使用外接电源情况下，内置的免维护电池在电量充满前提下待机时间约为 7 天（以每天测量 1 次作为计算依据，增加测量次数将减少待机时间）。

电源管理模块还具有可选装的数控电源部件，数控电源可为不同的传感器提供多种规格的电源激励，支持市面上绝大多数传感器的供电需求，不需为传感器单独提供供电。

自动化数据采集仪设计有直流供电接口，可直接接入直流电源或太阳能电池板进行供电和充电，不需要任何额外设备的支持。

2.4.3　测量模块

测量模块（简称 VR 模块）为混合式测量模块，任意通道均可测量振弦式、差动电阻式、标准电压或电流、电阻、频率量等类型的仪器。内含 CPU、时钟、非易失性存储器、A/D 转换器等，用于实现系统的自检、测量与控制、测量数据存储、数据通信、内部电源管理等。模块封装在金属保护盒内，其上设有通信接口、电源等接口。

测量模块上设有 8/16 个测量通道，最多可接入 16 支仪器。如需接入更多仪器，需要增加测量模块，每个自动化数据采集仪最多可接入 40 支仪器。

测量模块具有如下功能：

（1）远程控制和数据采集功能：用户无须亲临现场即可实现对测量模块的控制并获取相关数据，降低了对操作者测量专业知识的要求并大幅降低了操作复杂程度。

（2）现场操作功能：测量模块预留有与便携式微机接口，通信方式有 RS232 和 RS485 可选，可实现现场标定、调试以及数据采集等功能。

（3）自检功能：通过自检，将模块配置情况和工况信息及时准确地反馈给上位机。

（4）实时时钟管理：模块设置有实时时钟，为定时测量、自动存储等功能提供时间基准，时钟可方便地通过安装于上位机的配套软件进行设置。

（5）数据存储与掉电保护：采用非易失性存储器件可确保掉电后参数和数据的安全，2Mbits 存储容量可支持存储 1000 次以上的测次。

（6）增强型的抗雷击与抗电磁干扰能力。

（7）混合式测量功能：任意一个通道均可连接一支带有温度传感器的振弦式传感器，还可接入差阻式、电阻应变片式、标准电流、电压型传感器、电阻、电位计式、频率等传感器。

（8）智能化测量功能：可根据用户要求分别实现选点测量、定时测量和即时测量等多种测量功能。

2.4.4　通信控制

BGK - Micro40/G 数据采集仪设有两种通信方式，分别为标准的 RS232 和 RS485A 总线通信，与 CCU 通信控制器和 RS485A 可组成无线网络，该网络配置简单即插即用，无需配置。

2.5 G2 智能 RTU

G2智能RTU基于物联网平台利用最新技术开发的应用于安全监测的产品；G2智能RTU与测量模块通过GPRS、LAN和北斗卫星将测量数据传送至G云平台，可以和云平台无缝对接，即装即用。可接入模拟量、振弦量、数字量、标准电压、标准电流等，最大可扩展至40个物理通道，适合在传感器集中采集，多参数，远程控制频繁，控制要求高等环境使用，因内置NXP I. MA 6UltraLite528MHz Cortex－A7处理器，Linux操作系统，使性能更加稳定，功能更加符合现场实际需求（图2.21）。

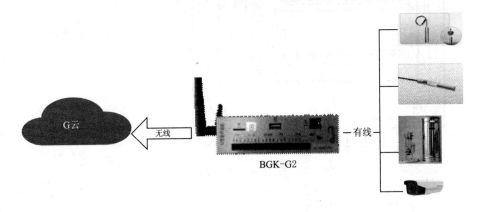

图2.21 G2智能RTU组网形式

2.5.1 智能RTU的结构

机箱采用防潮设计，箱体内部由免维护蓄电池、太阳能充电控制器或电源管理模块、RTU、测量模块及电源适配器组成，同时预留光纤通信模块、加热器等选配部件的安装接口，整机组成情况如图2.22所示。

2.5.2 电源

供电方式：DC 9V～18V/AC 220V；

电池：标配12V 32Ah免维护蓄电池（可根据现场应用调整电池容量）；

太阳能：支持16～25V太阳能电池板，内置高效太阳能充电控制器；

功耗：整机工作状态不大于1W，待机状态不大于0.2W；遇持续阴雨天可连续工作15天以上。

2.5.3 接口说明

RTU设有电源接口、测量模块接口、北斗卫星接口、GNSS接口、智能传感器接口、雨量传感器接口和温湿度传感器接口、RJ45网线接口、USB接口、开关量接口、上位机接口（图2.23、表2.4）。

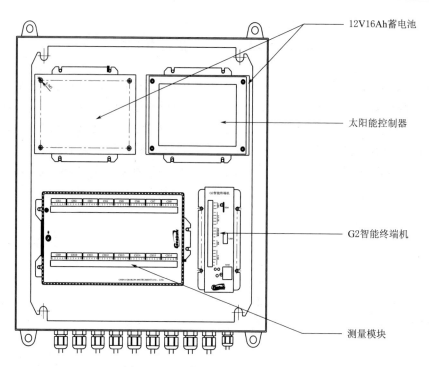

图 2.22　G2 智能 RTU 结构示意图

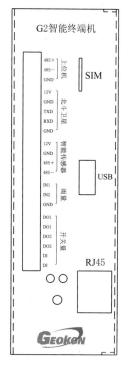

正面视图

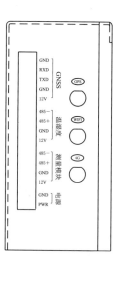

侧面视图

图 2.23　G2 智能接口示意图

表 2.4   接口定义表

RTU 接口	端子序号	标识	端子定义
电源	1	PWR＋	12V 电源正极
	2	GND	12V 电源负极
测量模块	1	12V＋	可控 12V 电源正
	2	GND	可控 12V 电源负
	3	RS485＋	RS485＋（A）
	4	RS485－	RS485－（B）
北斗卫星	1	12V＋	可控 12V 电源正
	2	GND	可控 12V 电源负
	3	RXD	RS232＋（A）
	4	TXD	RS232－（B）
	5	GND	RS232 地
GNSS	1	12V＋	可控 12V 电源正
	2	GND	可控 12V 电源负
	3	RXD	RS232＋（A）
	4	TXD	RS232－（B）
		GND	RS232 地
智能传感器	1	12V＋	可控 12V 电源正
	2	GND	可控 12V 电源负
	3	RS485＋	RS485＋（A）
	4	RS485－	RS485－（B）
雨量传感器	1	IN1	雨量传感器 1
	2	IN2	雨量传感器 2
	2	GND	雨量传感器-
温湿度传感器	1	12V＋	可控 12V 电源正
	2	GND	可控 12V 电源负
	3	RS485＋	RS485＋（A）
	4	RS485－	RS485－（B）

2.5.4 技术指标

G2 智能 RTU 的技术指标见表 2.5。

表 2.5　　　　　　　　　　　　　**主 要 技 术 指 标 统 计**

硬件参数	处理器：NXP I. MA 6UltraLite528MHz Cortex – A7 内核
	操作系统：Linux
	存储：4G ROM（可扩展至 256GB）/256M RAM
	网络接口：4G 全网通、LAN、WIFI、北斗卫星
	数据接口：USB、RJ45、RS485、WIFI
	测量接口：测量模块接口、智能设备接口（GNSS、次声等）、智能传感器接口、雨量传感器接口、温湿度传感器接口
	机箱规格：规格一：（L）380mm×（W）380mm×（H）210mm 规格二：（L）600mm×（W）380mm×（H）210mm
	根据现场所需电池容量、接入传感器支数的不同选则对应的机箱
电源系统	供电方式：DC 9V～18V/AC 220V
	电池：标配 12V 32Ah 免维护蓄电池（可根据现场应用调整电池容量）
	太阳能：支持 16～25V 太阳能电池板，内置高效太阳能充电控制器
	功耗：整机工作状态不大于 1W，待机状态不大于 0.2W；遇持续阴雨天可连续工作 15 天以上
通信	数据中心：支持 5 个数据中心（可扩展至更多）
	数据补发：具备自动补发未正确上报数据的功能
	通信协议：兼容基康云平台协议；使用 MQTT 协议进行数据传送，可使用中国移动 OneNet 物联网平台进行调试；也可根据客户要求定制协议
	通信方式：用户通过 RJ45 端口、WIFI、USB 端口、RS485 接口连 PC 机和手机连 WIFI 用 APP 软件对 RTU 进行召测、查询和修改配置；也可利用 RJ45 端口、4G 全网通和北斗卫星联网，通过平台远程下发指令的方式对 RTU 进行召测、重启、查询和修改 RTU 的时钟、采集策略、阈值、设备状态等。RTU 可设置某一种通信方式为主通讯方式，另一种为备用通信方式，当主通讯方式异常时自动切换为备用通信方式
采集	接入设备：RTU 标配扩展测量模块接口、智能采集设备（GNSS 和次声等）、智能传感器、雨量传感器和温湿度传感器。其中扩展测量模块具备混合式测量功能，任何一个通道均可连接一支带有温度传感器的振弦式、差阻式、电阻应变片式、标准电流、电压型、电阻、电位计式、频率等传感器
	采集策略：设备支持定点测量、定时测量和即时测量等多种测量方式
	加密报：具备加密采集功能，加密采集周期可配
数据存储容量	标配存储容量 4GB（可通过 USB 和 SD 卡扩展至 256GB）；4GB 容量可存储海量数据，接 40 支传感器时可保存十年以上的数据，当数据存满时自动循环覆盖旧数据
阈值触发	当传感器测值超过设定的阈值时，立即将所测数据报送至平台
工作环境	工作温度：-30～70℃
	工作湿度：0～95%RH（无凝露）
	贮存温度：-40～85℃
	贮存湿度：0～95%RH（无凝露）

2.6　GL3 无线采集终端

　　GL3 无线采集终端基于低功耗 LoRa 无线通讯组成的一体化全密封装置。并利用内置的 LoRa 无线通信模块发送至网关及预警平台。GL3 为全时在线测量装置，除提供常规的应答式测量（召测）外，还提供上/下限、变化率阈值等主动触发上报功能，一旦检测到当前测值超过设定阈值时，立即向 GL3 - GW 型无线网关上报数据，并经无线网关通过互联网上传到监测预警平台。传感器的相关参数可远程查看、设定及修改（图 2.24、表 2.6）。

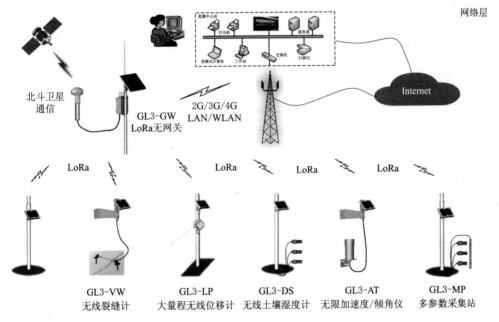

图 2.24　GL3 智能采集及其网络结构

表 2.6　　　　　　　　　　　　　GL3 无线采集终端选型表

名　称	型　号	适用传感器类型
无线终端	GL3 - VW	各种振弦式仪器
无线终端	GL3 - LP	电位计传感器
无线终端	GL3 - VM	电压/电流量传感器
无线终端	GL3 - SM	Modbus 等智能传感器
无线雨量计	GL3 - R1	一体化无线雨量计
无线土壤湿度计	GL3 - DS	一体化无线土壤湿度计或数字量传感器
无线加速度计/倾斜仪	GL3 - AT	一体化无线加速度计/倾角计
多参数采集站	GL3 - MP	适用于雨量、土壤湿度及倾斜等数字量输出的传感器采集

2.7　GL3 无线网关

在 GL2 无线网关的基础上，研发了 GL3 无线网关。GL3 - GW 型 LoRa 无线网关是基于 LoRa 无线通讯实现本地数据的采集及存储，并可使用 2G/3G/4G、以太网等将数据上传到监测预警平台的无线数据采集装置。GL3 无线网关参数见表 2.7。

表 2.7　　　　　　　　　　　　　　GL3 无线网关参数表

名　　称	LoRa 无 线 无 关
型　号	GL3 - GW
操作系统	Linux
存储容量	250MB，可扩展
LORA 工作模式	半双工
通信方式	2G/3G/4G 全网通，LAN/WLAN，USB，RS232/485，支持北斗卫星短报文通信
通信距离	1～5km（视距）
供　电	12V/40Ahr 蓄电池，18V/50W 太阳能电池板
外形尺寸	275mm×190mm×500mm（不含天线及安装附件）
防护等级	IP66（机箱）

采用 Linux 操作系统的 GL3 - GW 型无线网关是 GL3 无线数据采集系统的核心，更是 GL3 系列 LoRa 无线终端、无线传感器、无线多参数站的数据采集、存储、管理及数据通信中心。

无线网关与无线终端间采用 LoRa 通讯，其通讯视距可达 5km 或更远，每台无线网关可容纳数千个节点。

无线网关具备丰富的网络及本地通讯方式，并且允许配置多个数据中心。在支持 2/3/4G 全网通无线传输的同时，还提供包括 LAN、WIFI、USB、RS232/485 以及北斗卫星通信在内的远程及本地通信接口供用户自由选用，极大地方便预警平台的远程管理及现场工程师的安装维护。

无线网关除有定时召测、阈值触发测量功能外，还具有数据自动补报功能。免值守设计的无线网关具有断网监控、自动重拨重连等功能，当通信网络受阻不可用时监测数据仍保存在网关，一旦网络恢复正常会立即自动补报直到管理平台确认为止，确保每一条数据记录都不回丢失。此外，还允许对各传感器的采集频次、上报机制等进行配置设置。

支持远程管理功能。可以随时在本地或远程利用个人电脑等实时监控网关、传感器等当前运行状态、参数配置和运行诊断，更支持固件版本的远程升级操作。

无线网关提供 256M 的存储空间并可扩展至 128G，所有被采集的数据均被一直保存于无线网关直到被循环覆盖为止。

软件和硬件的无缝集成提供完整的数据管理流程与现场到监测管理平台的解决方案，几乎没有电缆敷设，极少的配置操作，从而减少了系统的实施压力。

GL3 无线网关主机如图 2.25 所示，具体主要接口如下：

（1）LoRa 天线接口：该接口共有两个，用于连接 LoRa 天线，目前仅用一个，预留分集接口。

（2）GPS 天线接口：用于网关的定位及系统时钟授时。

（3）电源接口：供电方式分为两种，分为 220V 交流适配器供电与光伏（太阳能）供电两种，这两种网关的硬件是不同版本。具体供电方式由可根据需求选装。

（4）防水透气阀：防水透气阀是网关的呼吸孔，该接口还内置有 USB 调试接口供技术人员进行调试。

（5）以太网接口：当现场不具备 3G、4G 通信条件时，可使用以太网口经路由器或交换机连接公网。

（6）无线回传天线接口以及 BT 接口。

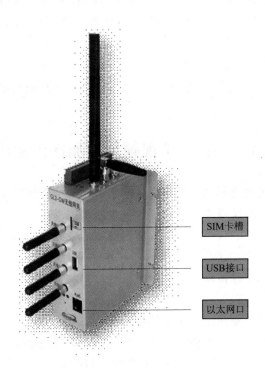

图 2.25　GL3 无线网关主机

第3章 基于物联网的窄带视频压缩传输技术及应用

库岸地质灾害问题治理过程中，经常遇到技术难题需后方专家前往第一现场协助诊断和提供技术支持，舟车劳累，费时费力，且部分工程受条件限制专家难以到达现场。这种方式处理问题效率较低，特别是遇到应急问题时，难以及时响应，不能充分发挥专家的指导作用，甚至影响工程安全。因此研发了高清窄带视频压缩传输技术，该技术通过对 H.264、H.265 等视频编码技术进一步优化，实现了高清视频低码流压缩传输，传输一路 1080P 高清视频仅需 100kB/s，解决了在网络带宽及质量不稳定情况下无法清晰、流畅传输视频流难题，使"大流量、高成本"视频安全监控技术在库岸地质灾害安全监测中应用成为可能，同时研发了高清窄带视频加速加密传输技术、现地微波高流量传送技术、高清窄带视频监控平台和高清窄带单兵视频终端。

3.1 高清窄带视频加速加密传输技术

通过与国内最大的网络安全设备厂商合作，将高清窄带视频压缩传输技术嵌入深信服 VPN 设备，利用加密 VPN 隧道，叠加窄带视频压缩技术，实现端到端（跨国）视频流安全低带宽的加速传输，显著提高低带宽及跨国网络的视频传输清晰度和流畅度。

伊斯兰堡到武汉应用加速传输技术前，网络节点经过 27 跳，最大传输延时 532ms，视频流无法传输。应用加速传输技术后，网络节点只经过 6 跳，最大传输延时 484ms，视频流传输流畅清晰。

高清窄带视频压缩传输技术具体压缩传输算法如下：

（1）逐行扫描：图像可以看做是一个二维数组，逐行扫描是指在获取图像的时候从第 0 行开始，之后第 1 行……直至最后一行对图像进行采样。

（2）隔行扫描：将一副图像按照奇偶分成两部分，0、2、4、6、8…，和 1、3、5、7、9…。这样分成两部分获取图像数据，那么一副图像因此可以分成两个部分，我们称为场，偶数行所构成的场成为顶场，奇数行构成的场成为底场。

（3）预测编码：视频描述的是连续的图像的集合，那么使用当前图像对前一张图像做"减法"，获得两个图像的"差值"。那么只需要"差值"即可从前一幅图像中获得当前的图像信息。这个差值称为残差。并且这个差值可以看做是二维数组即看做是一个二维矩阵。使用 DCT 的方法对矩阵进行变换达到一定的压缩目的，对变换的结果再次进行采样，例如：DCT 变换结果中的值范围是 {0，1000}，那么用 {0，10} 去表示这个范围。比如离散余弦变换后的结果是 {0，200，300，800，801，900，1000}，对其进行重新采样之后可以用以下序列替换 $\{0，2，3，8，8，9，10\}$。当前帧 F_n 和前一帧 F'_{n-1} 计算出残差 D_n，经过变换 T 和量化 Q，重新排序，之后进行编码得到了无损窄带视频图像传输。

（4）差分脉冲编码 DPCM：当前像素为 X，左临近像素为 A，上临近像素为 B，上左临近像素为 C。与 X 之间距离越近的像素，相关性越强，越远相关性越弱。以 P 作为预测值，按照与 X 的距离不同给以不同的权值，把这项像素的加权和作为 X 的预测值，与实际值相减，得到差值 q，由于临近像素的相关性较强，q 值非常小，达到压缩编码的目的。接收端把差值 q 与预测值相加，恢复原始值 X。这个过程称为差分脉冲编码 DPCM。当前像素的实际值与预测值之间存在差值称为残差，对残差记性量化后，得到残差量化值。解码输出与原始信号之间有因为量化而产生的量化误差。

DPCM 系统工作时，发送端先发送一个起始值 x_0，接着就只发送预测误差值 $ek = xk - x\hat{}k$，而预测值 $x\hat{}k$ 可记为

$$x\hat{}k = f(x'1, x'2, \cdots, x'N, k), k > N \tag{3.1}$$

式中 $k > N$ 表示 $x'1$，$x'2$，$\cdots$，$x'N$ 的时序在 xk 之前，为所谓因果型（Causal）预测，否则为非因果型预测。

接收端把接收到的量化后的预测误差 $e\hat{}k$ 与本地算出的 $x\hat{}k$ 相加，即得恢复信号 $x'k$。如果没有传输误差，则接收端重建信号 $x'k$ 与发送端原始信号 xk 之间的误差为

$$\begin{aligned} xk - x'k &= xk - (x\hat{}k + e\hat{}k) \\ &= (xk - x\hat{}k) - e\hat{}k \\ &= ek - e\hat{}k \\ &= qk \end{aligned} \tag{3.2}$$

这正是发送端量化器产生的量化误差，即整个预测编码系统的失真完全由量化器产生。因此，当 xk 已经是数字信号时，如果去掉量化器，使 $e\hat{}k = ek$，则 $qk = 0$，即 $x'k = xk$。这表明，这类不带量化器的 DPCM 系统也可用于无损编码。但如果量化误差 $qk \neq 0$，则 $x'k \neq xk$，为有损编码。

（5）运动估计：由于活动图像临近帧中存在一定的相关性，因此将图像分成若干个宏块，并搜索出各个宏块在临近图像中的位置。并且得到宏块的相对偏移量。得到的相对偏移量称为运动矢量。得到运动矢量的过程称为运动估计。在帧间预测编码中，由于活动图像临近帧中景物存在一定的相关性，因此，可以将活动图像分成若干块或宏块，并设法搜索出每个块或宏块在临近帧图像中的位置，并得出两者之间的控件位置相对偏移量。运动矢量和经过匹配后得到的预测误差共同发送到智慧盒，在智慧盒解码端按照运动矢量指明的位置，从已经解码的临近参考帧图像中找到相应的块或宏块，和预测误差相加后就得到了块或宏块在当前帧中的位置。通过运动估计可以去除帧间的冗余度，使得视频传输的比特数大为减少。

（6）运动表示法：由于在成像的场景中一般有多个物体作不同的运动，不受约束的方法是在每个像素都指定运动矢量，这就是基于像素表示法。

（7）块匹配法：一般对于包含多个运动物体的景物，实际中普遍采用的方法是把一个图像帧分成多个块，使得在每个区域中的运动可以很好地用一个参数化模型表征。即将图像分成若干个 $n×n$ 块（如：16×16 宏块），为每一个块蚂运动矢量，并进行运动补偿预测编码。

（8）亚像素位置内插：帧间编码宏块中的每个块或亚宏块分割区域都是根据参考帧中的同尺寸的区域预测得到的，他们之间的关系用运动矢量来表示，由于自然物体的连续性，相邻两帧之间的块运动矢量不是以整像素为基本单位的，可能是以 1/4 或 1/8 像素等亚像素作为单位的。

（9）运动矢量中值预测：利用与当前块 E 相邻的左边块 A，上边块 B 和右上方 C 的运动矢量，取其中值来作为当前块的运动矢量。运动矢量中值预测：利用与当前块 E 相邻的左边块 A，上边块 B 和右上方 C 的运动矢量，取其中值来作为当前块的运动矢量。

3.2　现地微波高流量传送技术

现地采用无线微波方式快速组网，发送端和接收端实现无视距遮挡的微波互联，通过微波中继实现无损数据转发，支持大流量视频数据高速传输，可大幅降低现地组网成本，节约施工时间（图 3.1、图 3.2）。

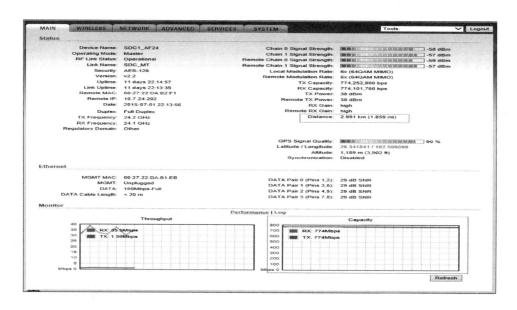

图 3.1　无线微波发送与接收

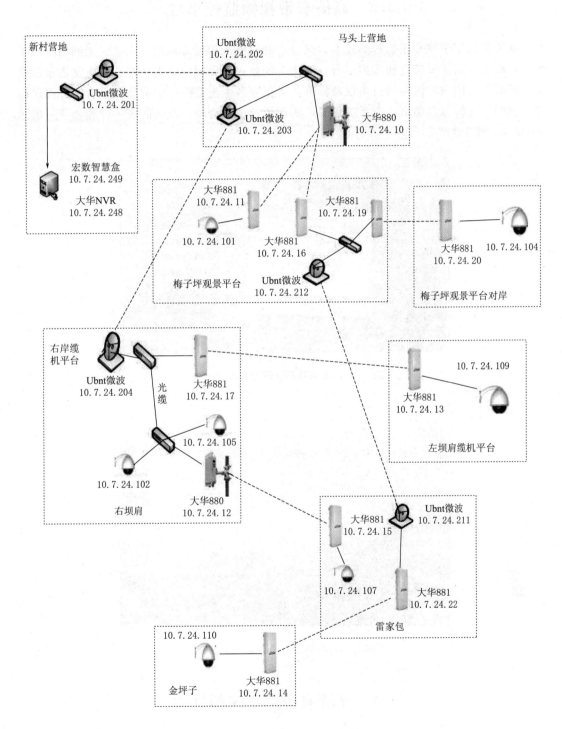

图 3.2 乌东德现地组网拓扑

3.3　高清窄带视频监控平台

基于高清窄带视频压缩传输技术，结合水利水电工程建设偏远、无电、无网络等环境特点，研发了高清窄带视频监控平台，解决传统监控厂商视频流无压缩、高带宽需求的痛点，同时兼容国内、国际通行协议及标准，可汇聚各主流监控厂家的监控平台，并提供标准的 API，支持与各类第三方系统集成，实现监控视频清晰、流畅的统一管理和统一展示（图 3.3、图 3.4）。

图 3.3　长江勘测设计研究院视频云平台

图 3.4　葛洲坝集团视频辅助管理平台

3.4　高清窄带单兵视频终端

为实现水利工程工程勘察、现场设代、工程施工、病险诊断及治理等第一现场高清实时音视频回传，后方领导及专家能与第一现场人员进行高清实时音视频沟通，对工程问题进行诊断及指挥等要求，基于高清窄带视频压缩传输技术研发了高清窄带单兵视频终端，其体积小，重量轻，内置大容量电池，支持有线、WIFI、4G 等网络，兼容主流视频会议平台，可同时回传两路高清视频画面，一路近拍，一路远拍，远拍可支持数公里变焦视频画面，也可接入无人机实时航拍视频，可直接与各类指挥决策中心音视频对接，实现第一现场远程指挥（图 3.5）。

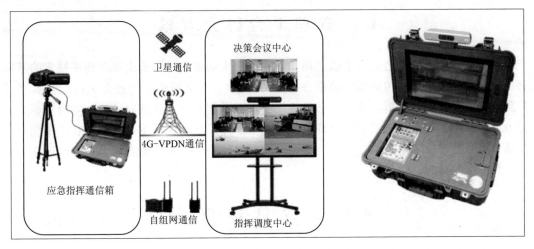

图 3.5　高清窄带便携视频终端及应用

第4章 基于物联网的信息化管理平台

4.1 管理平台研究背景

依托乌东德水电站边坡安全监测项目，在现有水利水电工程安全监测传感技术的基础上，利用物联网技术将传感器监测设备接入IP网络、移动网络，通过强大的云计算系统对监测数据进行决策分析，并通过移动终端实现对水利水电工程随时随地地实时监视，及时为水利水电工程安全施工和安全评价提供技术保障，从而提高水利水电工程施工期安全自动化监测整体技术水平。整个系统平台由监测、预警、管理云服务平台、智能云终端和各监测部位的传感器组成。

4.2 平台总体设计

系统平台基于云计算平台技术实现，IAAS平台采用OpenStack实现，完成对计算、存储、网络等计算资源的虚拟化；PAAS平台上实现Hadoop大数据分析服务、关系数据库服务、分布式存储服务完成对监测数据及应用系统数据的存储、分析以及管理等；在云基础平台上搭建SAAS水利工程安全监测应用，实现监测数据管理、采集终端管理、工程巡视检查、图形分析、表格分析、统计模型分析、应用支撑平台等业务功能；用户通过Web浏览器及移动平台客户端访问系统，进行系统功能操作。

4.2.1 系统架构设计

本平台是工程项目领域的安全监测平台，依靠物联网的技术成果，服务于安全监测领域内的参与用户。因此，系统在设计上体现了各元素的作用及组成。平台的整体结构如图4.1所示。

在图4.1中，基础设施层为监控平台的物理设备层，既提供了平台运行的硬件环境和网络，也提供了监控数据采集的各种仪器设备；云基础平台作为虚拟化技术的应用，提供了各种应用软件环境，包括数据库服务软件和存储空间管理软件；监测应用平台将操作界面和业务模块提供给最终用户，包括系统中用户、权限、角色、菜单等基本功能的管理，采集数据的管理，以及针对数据采集的基础性数据的预定义和维护功能。最终用户可利用此系统灵活方便地进行数据查询，查询方式分为原始数据表格和图表两种展示形式。并且，为方便用户对数据的二次加工使用，所有数据均具有固定格式导出功能。同时图表内容也可以导出为图片格式。客户端层是用户的操作界面，分为PC端的Web应用以及手机端APP应用。PC具备强大的数据处理能力，可进行大数据量的查看、查询、分析以及图表的展示；移动端APP可实现非办公环境下数据的获取和告警信息的及时通知。

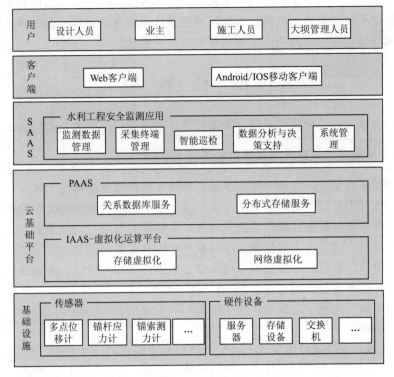

图 4.1　平台总体设计

4.2.2　网络拓扑设计

系统从物理网络角度可以分为硬件采集终端、采集数据平台、应用系统服务器集群、客户端终端几个部分。监测系统平台的部署和访问，既考虑了办公室的使用情况，也涵盖了移动端的使用场景，系统部署的网络拓扑结构如图 4.2 所示。

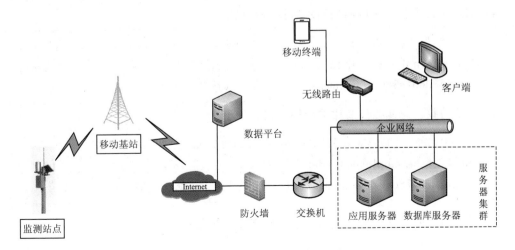

图 4.2　工程安全监测平台的拓扑结构

监测站点采集传感器数据后通过移动通信网络联入互联网，并将监测数据自动发送至数据平台，数据平台将采集数据通过互联网推送至应用服务器，应用服务器对数据进行处理，客户终端通过企业内部网络连接应用服务器查看数据。

4.3 技 术 架 构

本平台作为通用的安全监测平台，在系统设计上具有以下 5 大技术特点。

4.3.1 统一的服务端、客户端交互接口规范

客户端与服务端交互，有统一的业务接口处理规范，服务端提供 HTTPS 的接口总线服务，客户端通过 HTTPS 链路加密的方式，将业务数据加密后访问统一的接口总线，服务端内部通过业务分发后进行特定的业务处理，在业务处理层与数据库交互中间加入了分表分库透明处理层，以支持大数据量处理时减少对现有业务的改动。

（1）连接方式。客户端与服务端采用接口方式进行交换与通信，传输的业务数据内容为 JSON 格式，业务数据在传输过程中进行 DES 加密。

（2）字符编码。交互字符编码全部使用 UTF-8 编码。

（3）接口协议。

1）协议格式。总线接口协议以 JSON 字符串的方式在网络中传输，既能满足跨平台数据读取时的便利性，也可减少数据在网络中的传输量（相对于 XML 格式）。

2）协议数据分类。协议数据分为两大类，即系统数据和业务数据。系统数据主要承载数据包的标识，如用户编号、数据包功能号、数据包唯一编号、时间、安全信息、数据包协议版本等；业务数据是根据功能号进行组织的具体业务数据，由功能号来决定。

3）数据流机制。用户访问数据分为简单的请求和响应，在协议中分为请求部分和响应部分。根据客户端的发起，在通常情况下组成满足协议的数据包，请求总线接口服务。总线接口服务通过分发请求具体的业务数据，将返回的业务数据通过响应协议再封装返回，完成整个请求响应的闭环。

4）请求协议。总线接口通用请求协议格式如下：

{" bid":" 20130827190933303452"," uid":" 13995548333"," cid":" 1",
" sid":" base. employee. update"," stat":" 0"," rmk":" "," ver":" 1"," token":
" 0adbade3678d692a986de08a2681e7ac"," biz":（业务数据）}

5）响应协议。总线接口通用响应协议格式如下：

{" bid":" 20130827190933303452"," uid":" 18971690300"," cid":" 1002",
" sid":" base. employee. update"," stat":" 0"," rmk":" "," ver":" 1"," to-
ken":" 0adbade3678d692a986de08a2681e7ac"," biz":（业务数据）}

4.3.2 基于物联网的统一网络通讯，实现全面兼容各监测设备接入

在物联网中，存在各种类型的网络节点，每个节点都承担着生产和传递数据的工作。

在工程监测、施工现场埋设的各种监测仪器即为采集数据的各个工作节点，由于不同仪器具有不同的数据格式和数据传输方式，需通过统一的网络通信协议将不同类型的监测设备统一接入系统。针对不同厂家的设备，平台制定了统一的通信方式：将与设备通信的具体实现代码包进行加载，由该代码包将该类型设备获取到的数据转化为统一格式并保存在监测数据库中，此设计确保了系统的统一性和可扩展性。

1. 物联网设备通信协议及对接部分技术

监控平台可支持所有需进行数据监控的硬件设备接入。在数据通信层次，平台支持Socket、Web Service、File 等各种数据交换协议，可通过 TCP/IP 进行 Socket 通信从监控设备获取监测数据，也可以调用 Web Service 的形式从其他系统获取监测数据，还可通过直接交换数据文件的形式来获取监测数据。在系统中，所有采集的数据按照统一格式进行存储、展示和利用，因此，对于不用的数据格式，只需编写特定的数据转换代码便可进行转换。如需在系统汇总接入新的设备，只用增加相应的格式转换器即可。此设计既保证了系统的数据兼容性，也增强了系统的数据适应性。

系统在与物联网监控设备进行网络通信时，包含下面两项特点：

(1) 数据透传：监测数据由系统转发传输的过程中，数据不发生任何形式的改变，即不截断、不分组、不编码、不加密、不混淆等，数据被原封不动地传输到最终接收端，在此过程中系统实现数据暂存、数据转发的功能。

(2) 数据转发：系统采用基于 TCP 的长连接作为与外围系统之间转发数据的通道。此种连接需要外围系统登录和登出平台，同时定期向系统发送心跳消息以维持双方的感知（维持 Session）。

目前系统中的监测设备统一采用 Socket 通信的方式从监控设备单元采集数据。通信时主要的 TCP/IP 报文协议如下描述。

数据帧结构：

起始字（:）＋设备地址（NN)＋命令字（CC)＋数据（Data)＋结束符（CRLF)。

示例报文：

: NN CC Data（LRC) CRLF。

说明：

: ——指令起始字，为单字节，ASCII 码中的"："；

NN——设备地址 01~FF（对应于地址 1-255)，为 16 进制编码的 2 字节数字；

CC——命令代码（2 字节）；

Data——数据域（偶数字节）；

LRC——2 字节，校验码，从 NN 开始；

CRLF——2 字节，回车换行对，(ASCII 的 0DH，0AH)。

报文结构：

登录命令——字符♯＋后面数据内容长度（两个字节)＋登录数据内容（字符 l＋用户名前三位，不足补 0＋密码）；

控制命令——字符♯＋后面命令数据长度（两个字节)＋手机号码＋数据帧结构。

只需发送符合上述规范的报文，便可与现有的监测设备进行通信，并可获取监测数据。

2. 设备监测值计算相关公式算法

工程现场各种监测设备获取到的原始数据，往往需要依据一些运算来得到观测值，在运算过程中，需要利用各设备的率定参数，并且不同的物理量采用的运算公式也不同。在平台设计的测点维护过程中，可设定该监测点的设备率定参数和读数运算公式，在系统获取到设备的监测数据时，将自动查询其配置信息，依据其中的公式和参数，将采集数据转换为监测数据，成为人工可识读的数据。由于每个测点都可以进行设定，每个测点都可调校，所以平台获取到的数据准确程度极高。

目前系统中接入的主要几种监测仪器的运算公式如下。

针对锚索计的运算公式：

$$P = G \times (R_0 - R_1) + K \times (T_1 - T_0) \tag{4.1}$$

式中　P——荷载，kN；

　　G——仪器率定系数（参见锚索计率定表）；

　　R_0——初始读数；

　　R_1——当前读数；

　　K——仪器温度率定系统；

　　T_0——初始温度。

针对多点位移计的运算公式：

$$D_{修正} = [(R_1 - R_0) \times C] + [(T_1 - T_0) \times K] \tag{4.2}$$

式中　R_1——当前读数；

　　R_0——初始读数；

　　C——仪器的率定系统；

　　T_1——当前温度；

　　T_0——初始温度；

　　K——温度修正系统。

4.3.3　基于消息缓存机制

系统运行期间，随着监测的需要，越来越多的监测设备将会接入，为了提高数据通信端口的并发处理的能力，即数据吞吐量，设计引入了消息队列机制。即所有采集到的数据直接在队列中排队，然后由系统的专用独立进程进行校验和入库处理，并进行相应的预警和通知。设备的通信将不受限于平台内部处理速度的制约，最大程度提高了获取采集数据的能力。系统采用 Apache Active MQ 消息中间件作为消息处理组件，该组件支持多种消息协议，包括 tcp、http、openwire、stomp、amqp、mqtt 等多种协议，有标准消息格式供各户端使用，也可以使用自定义的消息体格式，可以包含业务中特定的数据结构。并且和 spring 框架可以方便的紧密集成，由 spring 框架提供相应的客户端支持，避免了开发复杂的客户端代码，不仅提高了开发效率，而且也尽可能地提高了平台的稳定性和可靠性。

通过移动终端 APP，用户不仅能及时获取和查看各种数据，而且，可利用消息推送机制，将预警、公告等消息主动发送到用户的终端上，及时让用户获取到内容并响应，提高安全监测响应效率。另外，在 APP 中，用户也可以进行灵活设置避免打扰到正常的工作。消息推送的内容，是由后台自动产生的，针对预警消息，后台通过定义模版的方式进行内容的格式化，这样，消息的内容能随时根据业务需要呈现在用户面前。系统使用了 Jpush 推送框架作为系统的消息推送组件，Jpush 提供了用于开发的 sdk 开发包，可以方便地集成到开发环境中。Jpush 平台在推送时，可以自动分辨用户使用的客户端是安卓系统还是苹果系统，自动的针对不同的终端设备类型分别推送，非常的便利。在客户端上，推送组件预留了新消息到达时进行处理的各种接口，开发者可以根据业务需要做自定义的处理。安全监测平台的 APP 中就针对提示栏中的应用图标和信息点击后的处理，做了自定义的个性化控制处理。

4.3.4 多元异构海量监测数据的存储技术实现

针对多元异构海量监测数据具有的大容量、多样性、时效性、价值性等特点，从优化数据规模和控制经济成本，研究同时联合采用关系型数据库（MySQL、Oracle）和非关系型数据库（MongoDB、HBASE）对监测大数据进行分布式存储，考虑大数据平台高并发、高可用的需求，采用合多级缓存进行热点数据储存。研究监测大数据综合数据库建设的方法，主要内容包括基础设施建设、数据标准建设、数据存储建设、服务器设备、网络设备、通讯设备、存储设备、平台软件管理、数据管理、应用系统开发等，并提出完整的解决方案；研究监测大数据数据挖掘的方法，利用各种分析方法和分析工具在大规模海量监测数据中建立模型和发现数据间关系的过程，这些模型和关系可以用来作出决策和预测，数据挖掘建立在联机分析处理的数据环境基础上，数据融合与挖掘技术为大坝安全智能分析预警提供有力手段。

4.3.5 平台安全保障

平台在安全性上也采取了诸多措施，保证了系统的账号安全、登录安全、访问安全、数据安全以及可审计性。

（1）用户管理和数据安全方面，平台采用基于角色的多级访问控制系统和基于树状组织结构的设备数据权限控制系统，实现了用户权限管理的灵活性和安全性以及数据权限控制的可管理性和安全性。

（2）用户登录方面，平台提供了包括账号/密码登录、基于数字证书的智能卡登录和云 APP 的扫码网页登录功能，保证了登录的安全性。

（3）数据访问方面，平台采用基于 SSL 的加密访问方式，保证了数据浏览的安全性。

（4）同时，平台提供了详细的分类日志管理系统，记录系统运行的各项操作信息、数据处理信息及状态信息，可追踪系统各种异常事件，做到异常情况的可追溯可审计，并可通过日志信息进行数据恢复，提升了系统和数据的安全性。

（5）平台还支持多中心的数据同步备份机制，并采用多种离线数据备份方式，通过数据的冗余存储，保证了数据存储的可靠安全。

4.4　平台数据设计

系统业务表主要包括工程、监测设备的信息配置表和监测数据的存储表。这些业务表将工程安全监测部分的业务要素进行了组织和保存，并且各业务数据之间又相互关联；如监测仪器上有针对不同物理量的监测测点，这些测点需要使用导线连接到监测单元上，监测单元又分别属于对不同监测区域的监测，监测区域又是针对不同工程来划分的。因此，数据一一关联，环环相扣，使得系统中数据变成一个有机的整体。图 4.3 显示了各业务元素间的 ER 关系。

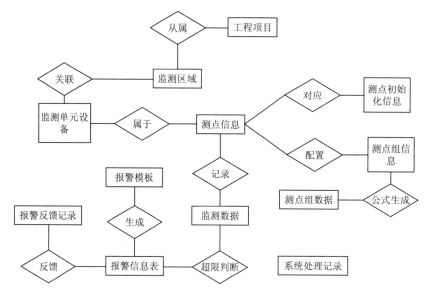

图 4.3　业务实体 ER 图

对系统中主要业务数据表的结构进行列举，说明各业务实体的结构和内容。

4.5　平台研发实践与应用

系统平台按照"平台＋应用"的理念设计，按照客户端和服务端两大组成部分进行构建，通过标准的接口协议实现服务端与客户端的一体化互通。其中客户端主要以Android、iOS、HTML5 为主，服务端以标准 J2EE 架构的服务端框架为主。利用 Spring＋myBatis 组件进行服务端系统功能的实现，编写业务代码。在移动应用开发过程中，以技术框架平台为基础，选取合适的组件形成应用的开发框架。设计模式按照 MVC 的原则，采用分层模式进行开发。客户端、服务端独立开发，遵循接口协议。

1. 客户端设计模式

为了便于开发的规范性和开发的效率以及后期的可维护性，将客户端 APP 的应用开发模式采用基于 MVC 模式的分层模式。客户端应用开发主要涉及网络请求、本地数据库处理和 UI 处理，按照这三部分将应用的开发进行分层，分为网络请求层、数据库操作层、UI 处理层。APP 应用的开发以 UI 展现为主，网络请求，数据库操作最终都规集到 UI 展到中（也可以看做是 MCV 模式中的 V，视图层）。

（1）网络请求层。网络请求层主要处理与服务的交互，常用的请求为 HTTP 请求。在具体业务功能中需要与服务器交互时，应将网络请求部分单独提出作为该业务功能的一个组成部分。在开发框架中体现为具体一业务功能组下面的一个分类。

（2）数据库操作层。数据库操作层主要对本地缓存数据库的数据处理，最直接的表现方式为 SQL 语句。APP 应用中原则上不应该出现复杂的 SQL 或者对复杂业务的 SQL 逻辑处理。

（3）UI 处理层。UI 处理层主要处理数据的展现及友好的用户操作界面，具体来说就是对常用的 UI 元素的处理。

2. 服务端设计模式

服务端的技术框架采用 J2EE 进行构建，以接口总线的形式向客户端提供服务。服务端主要关注点在业务逻辑，所以接口的实现主要集中在业务逻辑层。服务端开发按照数据库层（DAO）、模型层（Model）、业务逻辑处理层（Service）这几层进行开发。服务端技术框架按照高并发、可维性、开发规范性的原则进行设计，以 J2EE 技术为基础进行构建。

系统的各业务功能，是实现大范围、多测点监测自动化的体现和手段。不仅是工程从业人员履行日常监测管理职能的平台，也为第三方系统提供统一的数据服务和控制服务，是系统间集成和融合的统一开放平台，更大地体现了系统在安全监测领域的价值。

系统平台主要包括以下主要功能。

4.5.1 支撑平台

应用支撑平台的建设目标是能够为用户提供一个非常友好的维护与管理工作界面，该界面使用简单、操作便捷，学习成本低。应用支撑平台实现效果如图 4.4 所示。

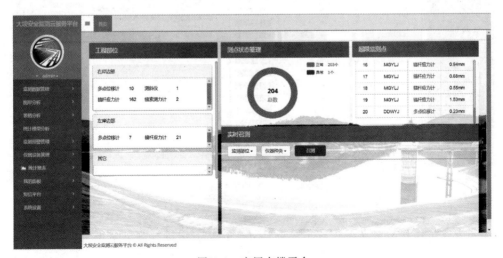

图 4.4 应用支撑平台

4.5.1.1　身份认证

系统平台提供统一的身份认证入口，实现集中化管理，建立起一个统一的身份认证架构，并向其他业务系统提供身份验证服务，从而实现权限的集中管控，降低系统维护的复杂度（图 4.5）。

图 4.5　平台认证登录入口

4.5.1.2　菜单管理

系统功能模块采用组件化、模块化技术进行构建，可以根据用户实际需求进行个性化定制，不同用户登录后看到的界面不同，所能操作的权限也不同（图 4.6）。

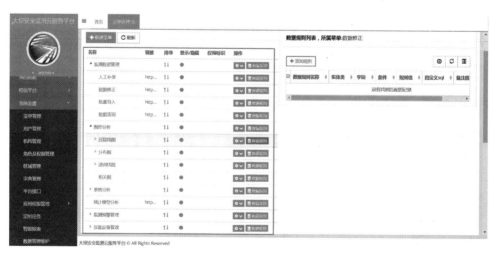

图 4.6　系统功能自定义

4.5.1.3　用户管理

实现系统机构及用户的统一录入、维护及管理，对系统用户进行管理，包括用户维护、用户登录、用户注销。用户维护可对系统的使用用户进行维护，分配对应的用户信息给用户来登录系统（图 4.7）。

图 4.7 用户管理

4.5.1.4 权限管理

通过此模块管理员可以给每个用户，每个部门赋予不同的权限，控制其在系统中的使用范围，以达到管理完善，安全稳定的管理。权限管理内容包括菜单权限、操作权限及数据权限三部分（图 4.8～图 4.10）。

图 4.8 菜单权限

4.5.1.5 短信平台

短信平台用于系统的短信自动生成、预警短信自动发送、全局短信发送管理、短信查询统计和短信定制发送等模块。具体功能包括短信签名管理、模板管理、任务管理、已发短信及人工短信（图 4.11）。

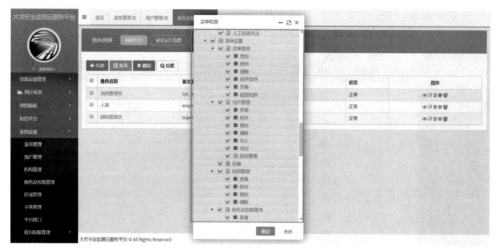

图 4.9　操作权限

图 4.10　数据权限

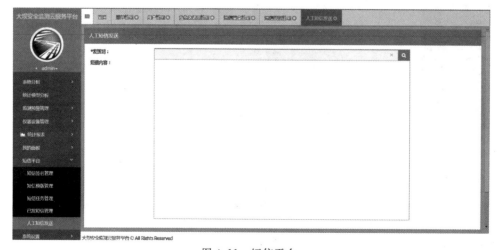

图 4.11　短信平台

4.5.1.6 智能报表

智能报表提供报表管理组件，报表组件是各类报表的基础，后面生成过程线图、分布图、特征值统计表、测点统计表等（图4.12）。

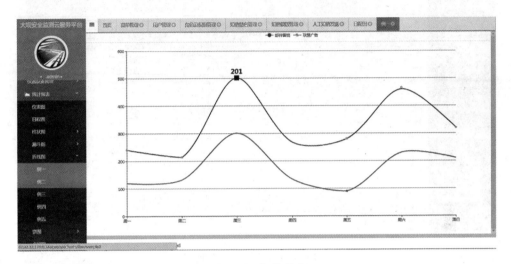

图4.12 智能报表

4.5.2 采集终端管理

采集终端管理对物联网采集终端设备进行添加、删除、控制、告警等功能（图4.13）。

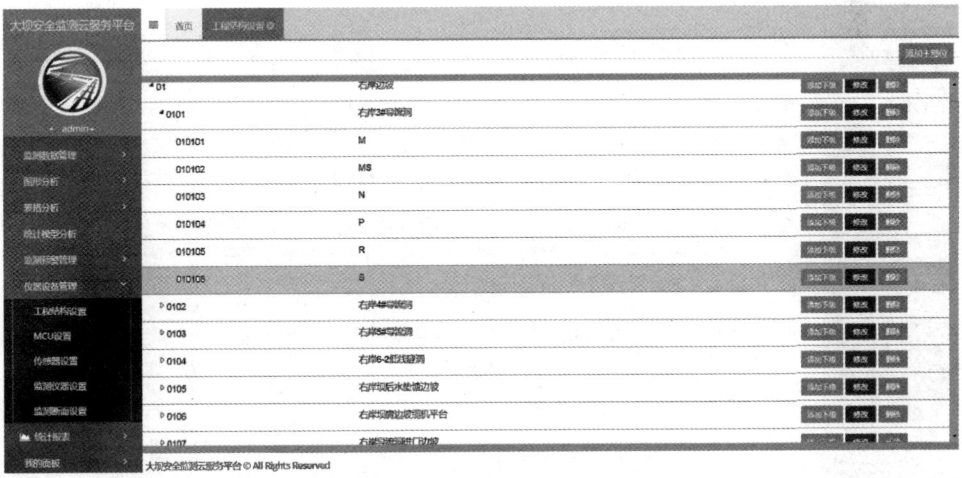

图4.13 采集终端管理

4.5.2.1 采集终端信息管理

对采集终端设备信息进行维护，包括查看采集终端的类型、型号、运行状态、位置、配置参数等信息以及对采集终端的添加、移除等。

（1）采集终端信息查询。根据查询条件查询系统中管理的采集终端设备，在查询结果列表中可查看具体"设备名称"的详细信息（图 4.14）。

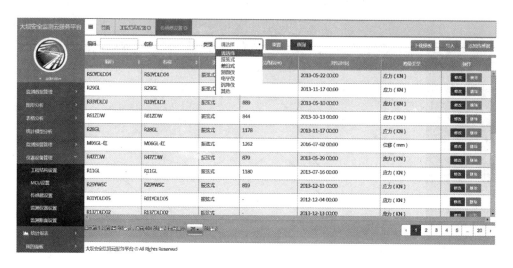

图 4.14　设备管理查询

（2）添加采集终端。向系统中添加新采集终端设备，包括维护设备编号、设备名称、设备类型、设备型号、设备状态、设备制造商、设备参数等信息。其中非常重要的网络通信参数也需要进行设置，比如网络访问形式，访问地址、端口号信息、超时判断时限等，具备这些参数后，平台即可以与设备进行直接的网络通信了（图 4.15）。

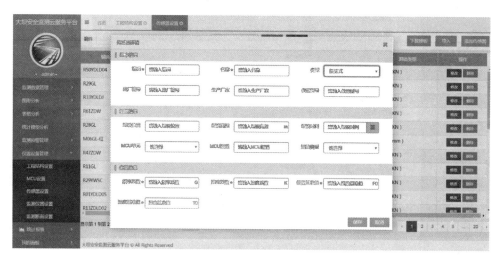

图 4.15　添加终端

（3）编辑采集终端信息。修改系统中采集终端设备的基本信息（图 4.16）。

（4）删除采集终端。删除系统中已经不需要的采集终端设备，如图 4.17 所示。

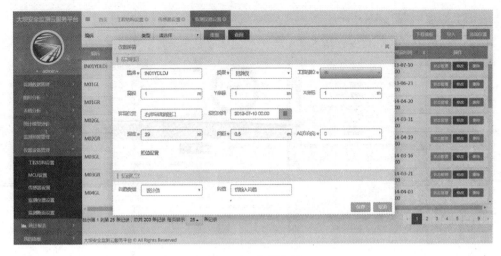

图 4.16　终端编辑

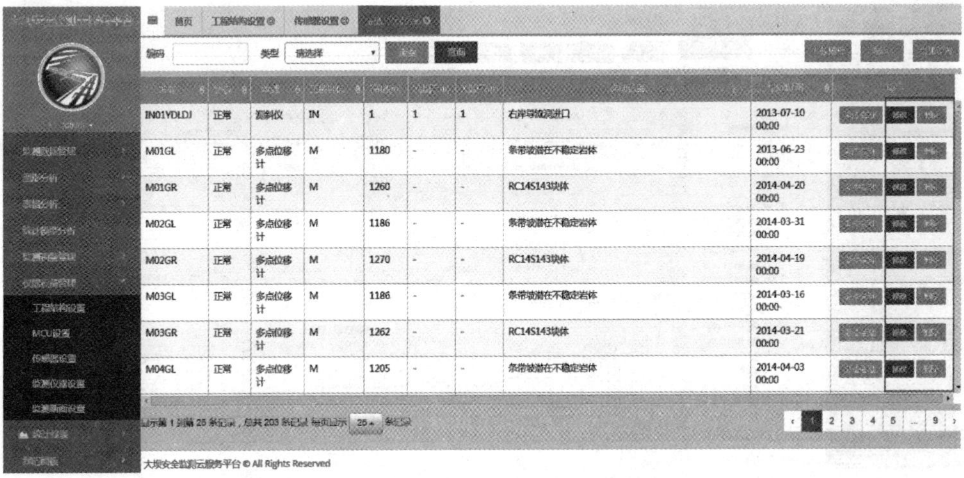

图 4.17　终端删除

4.5.2.2　采集终端远程控制

远程控制采集终端设备，采用对采集终端的远程唤醒、远程软件升级等各种设备支持的远程控制命令。根据设备具体的通讯协议和控制指令，在建立网络通道的条件下，将指令发送到设备上，对设备进行相应的控制（图 4.18、图 4.19）。

4.5.2.3　采集终端故障管理

对发生故障的采集终端设备进行管理，包含对采集终端的运行状态检测、发生故障后的告警等。

根据采集终端状态检测规则，比如在一定时间间隔内（1 天）还未获取到设备上传的检测数据，即判定设备发送了故障，将通过告警服务发送警报（图 4.20）。

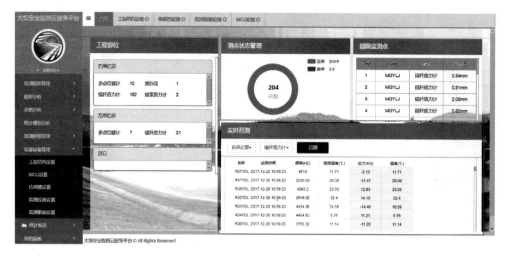

图 4.18　批量远程招测实时数据

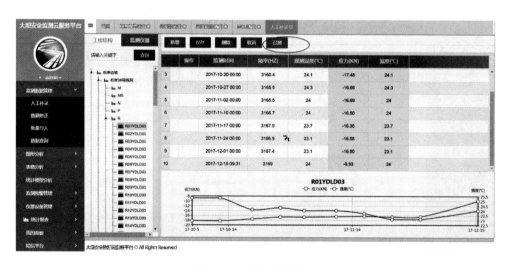

图 4.19　单点数据招测

4.5.2.4　告警服务

在采集数据超过正常范围时，对设备管理工作人员进行通知报警。主要包括警报通知对象管理、消息推送服务、短信服务、消息内容模板等。

（1）设置告警。设置报警判定依据，预警阀值可分为设计值和历时极值两类（图 4.21）。

（2）消息内容模板。设置报警时发送消息警报内容的模板，根据不同的警报类型设置不同的模板。

（3）消息推送服务。发生警报后，系统通过消息推送服务将报警信息推送至移动终端或浏览器终端（图 4.22）。

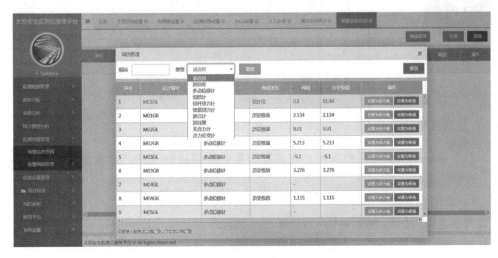

图 4.20 测点状态统计分析

图 4.21 告警设置

图 4.22　消息推送

（4）短信服务。发生警报后，系统通过可用的短信服务将报警信息发送至手机。系统主要功能界面如图 4.23 所示。

图 4.23　告警信息查看

4.5.3　监测数据管理

监测数据管理主要是对物联网采集设备采集的数据进行管理，对监测数据进行存储、查询、纠错、共享、分析等。

4.5.3.1　监测设备统一接口

监测设备统一接口为各种不同的物联网监测设备提供一个统一的数据、通讯接口，便于数据处理模块能够对统一的数据进行方便处理。监测设备统一接口定义了统一监测设备的数据格式、控制命令、数据通信方式，统一接口也支持新类型监测设备的扩展。

4.5.3.2 监测数据存储

监测数据存储模块负责接收统一接口中收到的监测数据，然后将监测数据存储至数据库或分布式存储中。监测数据分别存储于3个数据库：①原始数据库，监测仪器采集的数据存储在该数据库中，原始数据库只提供采集数据插入，不允许更改；②整编数据库，原始数据库中的数据经过过滤剔除无效数据后存储在整编数据库中，原始数据库中经过处理无任何变化的数据需要复制到整编数据库；③成果数据库，整编数据库中的数据经过统计分析的结果存储在成果数据库中。

4.5.3.3 监测数据查询导出

通过条件查询历史监测数据，并可以将选择的数据导出为 Excel 文件，功能界面如图 4.24、图 4.25 所示。

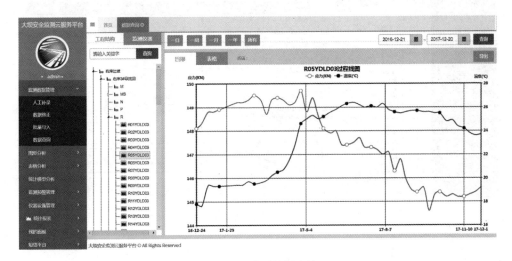

图 4.24 监测数据查询

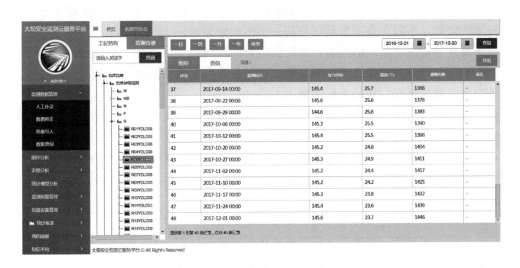

图 4.25 监测数据图表形式查看

47

4.5.3.4　监测数据纠错

对监测的异常数据进行纠错修正。能自动修正的数据进行自动修正，不能自动修正的可以手动修正。

(1) 监测数据自动纠正。根据用户设置的过滤条件过滤出异常数据，用户点击自动纠正按钮，系统自动纠正数据并返回纠正结果。异常数据的过滤规则包括了数据值的合理范围过滤、数据值的差额合理值范围等不同的过滤规则。

(2) 监测数据手动纠正。用户设置过滤条件过滤出异常数据，选择一条数据点击编辑按钮，输入新值保存结果，功能界面如图 4.26 所示。

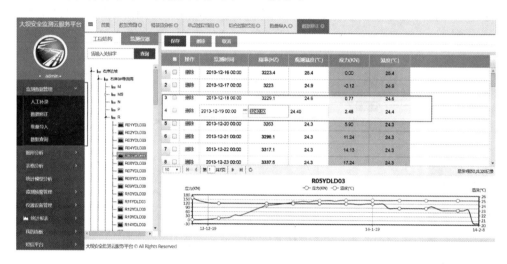

图 4.26　监测数据纠错查看

4.5.3.5　监测数据分析

按照时间段对监测数据进行统计分析，得出安全状态进行评价，并通过图表方式展示数据。统计分析的结果数据存储在成果数据库中，监测数据的计算目前只针对单一设备数据进行单独计算，不同设备的数据可在同一个图表中显示。

数据统计分析需要实现的内容：特征值（时间段内最大、最小、平均值），过程线。

(1) 特征值计算。根据选定的时间范围计算设备监测数据的最大、最小、平均值，并在图表中展示数据曲线，功能界面如图 4.27 所示。

(2) 过程线图。根据选定时间范围计算并展示设备监测数据的过程曲线，功能界面如图 4.28 所示。

(3) 生成组合图。将多个设备的数据曲线放到同一个图表中进行展示，如图 4.29 所示。

4.5.3.6　数据共享

为第三方行业系统提供数据查询、设备控制接口。

(1) 数据查询服务。为第三方行业系统提供查询接口，接口采用 Web 服务形式提供。可查询设备编号、设备名称、数据产生时间、数据值（温度、湿度、位移等）。服务采用 Web 服务形式，对服务的调用需要具有权限。

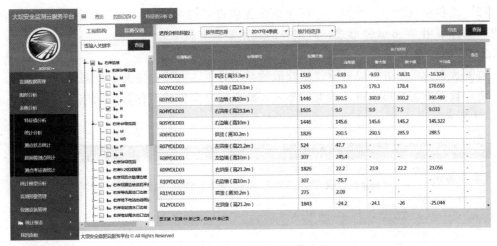

图 4.27　监测数据特征值分析

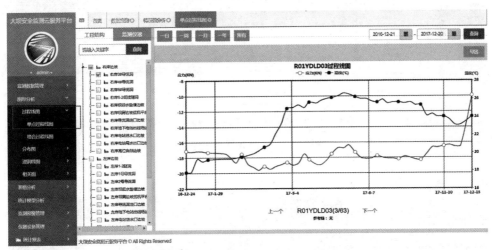

图 4.28　监测数据趋势变化情况分析

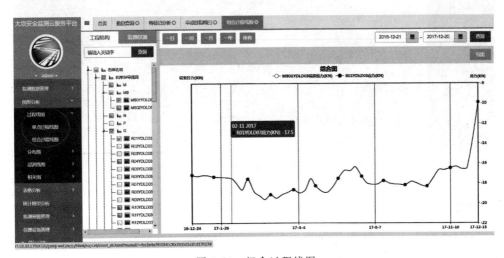

图 4.29　组合过程线图

49

（2）设备控制服务。为第三方行业系统提供设备控制接口，接口采用 Web 服务形式提供。服务采用 Web 服务形式，对服务的调用需具有权限。

4.5.3.7　数据录入

监测数据的采集方式以监测仪器获取的数据为主，另外支持人工数据录入的功能。也支持使用数据模版的形式进行数据的导入，减少用户操作的工作量，功能界面如图 4.30、图 4.31 所示。

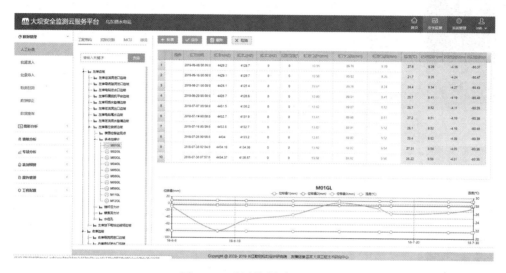

图 4.30　监测数据手工录入

图 4.31　监测数据批量导入

4.5.4　智能巡检

日常巡查是水库运行管理的重要内容之一，传统的人工日常巡查方式无法考察巡查到位情况，缺乏对巡查人员的规范化考核手段，并且大量巡查信息保存不便、易丢失、耗工时，巡查工作效率低下。

为确保水库大坝的安全运行，加强对大坝汛期的巡查工作，做到及时发现问题，及时处理，实现水库巡查工作的移动化、网络化、智能化，为水库的巡查管理提供有效的监管手段。

4.5.4.1 巡查计划管理

图4.32为安全巡查管理页面，默认显示当前一个月内所有下发的任务列表信息，根据时间和任务类型、任务状态及巡检人员、巡检结果的不同查询不同的巡检信息。页面左侧为默认时间段内所有的巡检任务列表，右上为默认时间段内的巡检统计信息，右下为巡检日历。

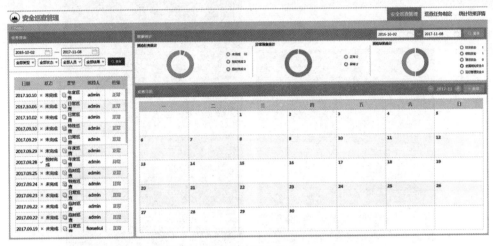

图4.32 巡查管理

4.5.4.2 巡查人员管理

巡查人员管理为巡查人员制定巡查对象、巡查路线等巡查计划信息，并通过系统进行提醒，巡查计划由拥有权限的管理人员制定，方便管理者可以有计划的制定巡查计划、查看巡检计划执行情况等，如图4.33所示。

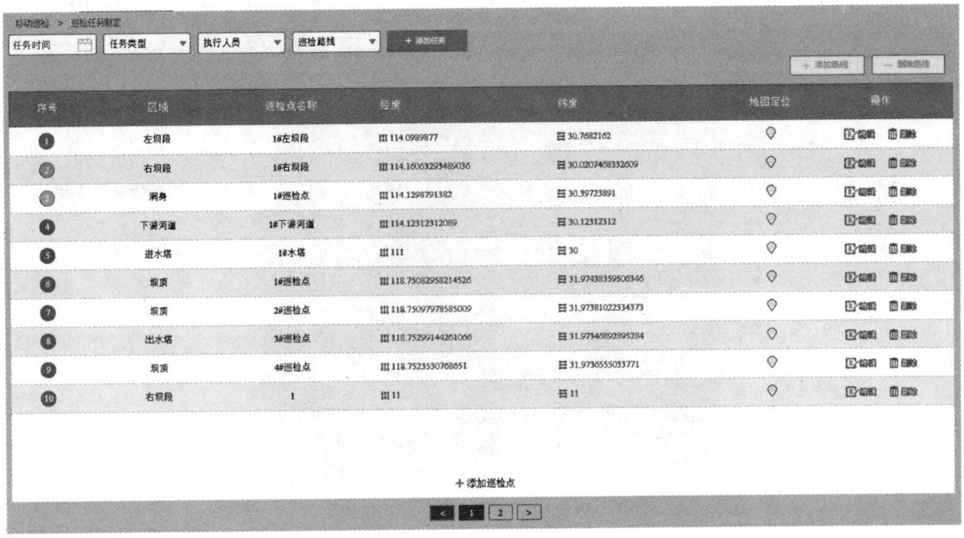

图4.33 巡查人员管理

4.5.4.3　巡查记录及智能定位

巡查记录及智能定位结合 GIS 平台，采用 GPS 定位技术，在地图上显示巡查人员的地理位置信息及巡查路线。水库人员可自行制定符合实际情况的巡查线路和巡查点，并设置对应的巡查部位以及安全元素，如图 4.34 所示。

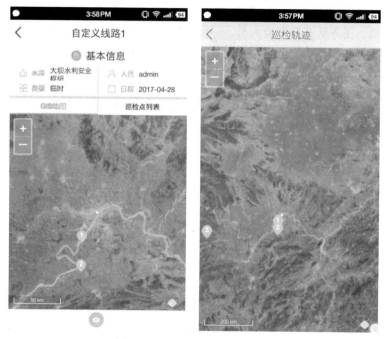

图 4.34　巡检路径、轨迹定义

巡查人员根据指定巡查线路，对巡查部分进行检查，发现问题及时以文字、图像等形式记录问题现象并标记问题发生部位，上传至水库综合管理平台，最终形成符合标准格式的表格，如图 4.35 所示。

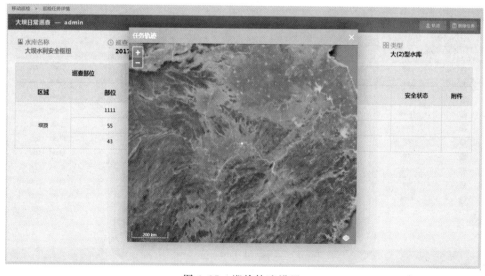

图 4.35　巡检轨迹设置

4.5.4.4 移动端巡检

此模块可以让水库巡检人员在手机上接收移动巡检任务，展开巡检并反馈巡检结果，以便管理人员可在 Web 端查询巡检完成情况，如图 4.36 所示。

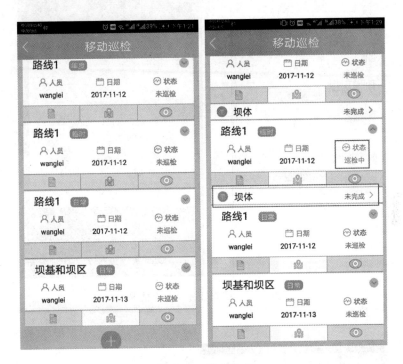

图 4.36 移动巡查

用户登录移动巡检即可查看当前用户被分配的所有巡检任务，显示该任务巡检类型、巡检日期、巡检状态以及开始/完成情况。

点击巡检区域，如"坝体"打开巡检任务列表，根据巡检任务列表开始巡检，并手动填入巡检情况。依次为所有巡检点填入巡检状况，可选择安全、亚安全或不安全，并上传相应的照片或视频做说明，提供 NFC 打卡功能，如图 4.37 所示。

巡检完成后，填写全部巡检情况，回到巡检首页，可查看到该巡检任务状态为"巡检完成"。巡检任务完成，将本地完成的巡检情况反馈至服务器端，管理员可在 Web 端进入"安全巡查管理"模块对巡检任务进行查询和统计，如图 4.38 所示。

4.5.4.5 统计结果详情

巡查结果统计可实现巡查到位率分析、巡查工作绩效分析等，并可实现巡查人员的考核等功能。对历史巡查记录进行分类统计、分析和评估，并生成各类统计分析报表，实现对巡查情况的全面掌握。通过大坝巡查模块统计查询各时期的巡查情况，输出打印标准的巡查表格，如图 4.39 所示。

选择列表中任意一个巡检任务，点击查看按钮，可查看该任务的巡检结果，提供导出、查看轨迹、删除报告的功能，如图 4.40 所示。

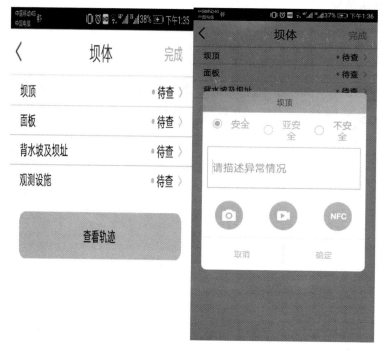

图 4.37　巡查任务及巡查情况

图 4.38　巡查记录

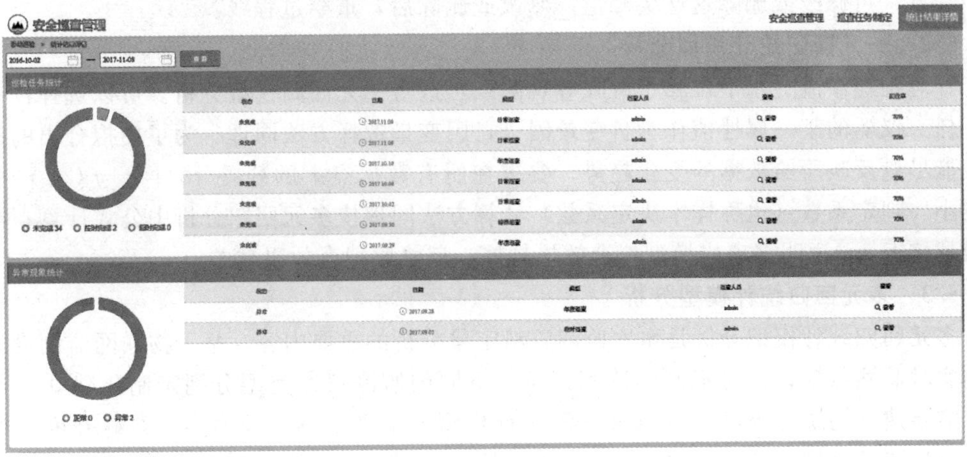

图 4.39　巡查结果统计

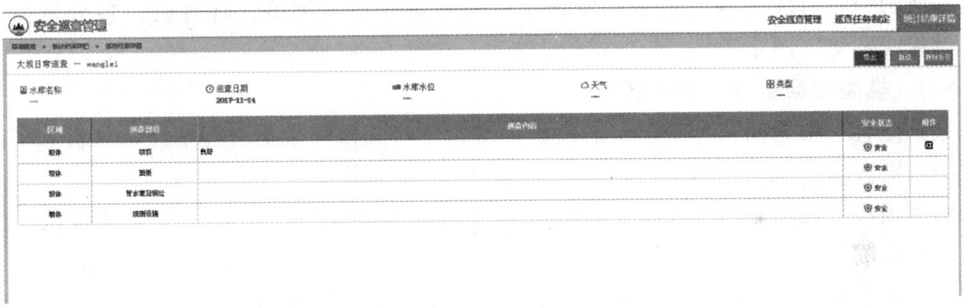

图 4.40　巡查结果

4.5.5　数据分析与决策支持

数据分析与决策支持主要面向水库现地管理单位用户,辅助现场管理人员完成监测设局整编工作。同时国家大坝中心技术人员可以利用部署在云服务平台上的分析整编功能模块,实现在线的监测资料整编。实现的具体功能如下:资料整编分析系统按照《混凝土坝安全监测技术规范》(SL 601—2013)制作,同时,资料整编分析系统能够对资料进行维护。资料整编分析系统由资料维护、报表打印、图形绘制等模块组成,其中资料维护又包括考证资料查询添加修改删除、监测数据添加、监测数据查询修改、监测资料删除、数据备份、数据恢复。

4.5.5.1　数值检验

通过对系列监测数据进行比较,查找到监测资料的尖峰值(某测值较前后两个测值都大于或小于设定值),这些尖峰值可能是异常数据。

当选择某个监测项目中一个测点给出测点的基本信息(如桩号、坝轴距、高程等),

绘制这一测点数据的过程线，用红点标出尖峰值，当确定这些数据是测量或人为造成的，点击红点，可修改或删除这些尖峰值。修改或删除后，重绘过程线。

4.5.5.2 一元回归统计模型分析

针对各类渗流、水平位移、沉降等观测点，进行一元回归模型分析。可以选择任一部位下任一仪器的某一属性值作为自变量因子，因变量选择方法同理。为了使拟合出的近似曲线能尽量反映所给数据的变化趋势，要求在所有数据点上的残差 $|\delta_i| = |f(x_i) - y_i|$ 都较小。判定系数（也称样本决定系数）计算方法同理按多元回归分析中公式计算；判定系数越接近 1，说明多项式模型拟合效果越好，反之则拟合效果越差。

4.5.5.3 多元回归统计模型分析

多元回归统计模型分析是水库监测资料定量分析的重要内容，基于物联网监测设施采集的实时监测数据，针对不同的监测部位、不同的监测仪器类型分别定制化建立统计模型。需要建立的统计模型包括沉降监测统计模型、水平位移统计模型、裂缝开度统计模型、渗流统计模型、扬压力分析统计模型。统计模型分析主要内容包括时效类因子中包括时间的线性、指数、对数等函数因子，以及多条对数曲线、折线型及多个多项式等因子；因子集可按水位（上、下游）、温度、降水量、时效等不同物理因素进行组织；输出回归结果、回归分析时段内各分量变幅统计，以及各物理量（测值、计算值、各分量值、残差）过程线图等（图 4.41）。

4.5.5.4 模型数据拟合、测值预报

数据拟合：根据回归分析求出的模型，对指定时间段的数据进行估计。分析和实际测量值的差别。

测值预报：根据回归分析求出的模型，预测指定状态下（时效、上下游水位、温度等）的仪器测量值。

异常现象分析：根据回归模型，分析当前效应量异常的成因。

4.5.5.5 预警指标在线分析

预警指标拟定的基本原理是根据工程已经抵御经历过荷载的能力，来评估和预测抵御可能发生荷载的能力。系统基于物联网设备采集的实时连续监测数据，实现了监测指标在线拟定的功能，为了提高不同监测效应量的预警效果，采用不同预警算法模型完成预警，系统根据不同监测项目，提供概率法估计预警、统计模型分析预警。

1. 概率法估计预警

概率法预警的基本原理是当有足够的观测资料时，采用小概率法估计的监控指标接近极值。根据监测效应量实测历史数据，由监测资料系列可得到一个子样数为 n 的样本空间：

$$X = \{X_{m1}, X_{m2}, \cdots, X_{mn}\} \tag{4.3}$$

其统计量可用下列两式估计其统计特征值：

$$\overline{X} = \frac{1}{n} \sum_{i=1}^{n} X_{mi} \tag{4.4}$$

$$\sigma_X = \sqrt{\frac{1}{n-1} \left(\sum_{i=1}^{n} X_{mi}^2 - n\overline{X}^2 \right)} \tag{4.5}$$

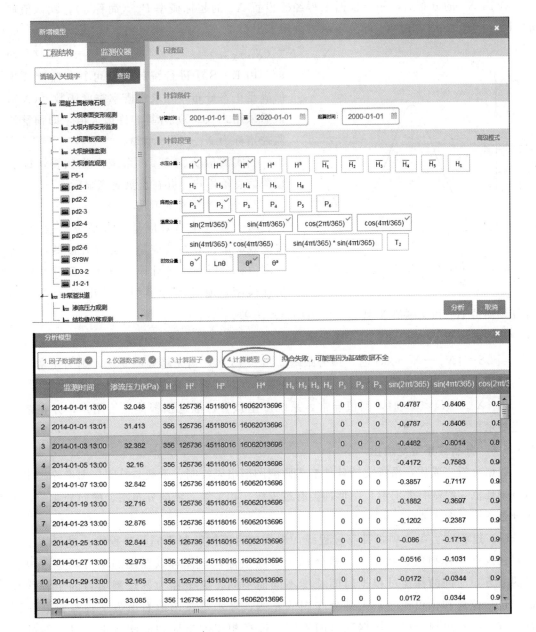

图 4.41 多元回归统计模型分析

然后，用统计检验方法（如 A - D 法、K - S 法等）对其进行分布检验，确定其概率密度函数 $f(x)$ 和分布函数 $F(x)$（如正态分布、对数正态分布和极值 I 型分布等）。

令 X_m 为当前仪器监测值的最大容许值，当 $X > X_m$ 时，可能发生异常情况，需要进行预警发布，其概率为

$$P(X > X_m) = P_\alpha = \int_{X_m}^{+\infty} f(x) \mathrm{d}x \tag{4.6}$$

求出 X_m 的分布后，用户根据工程经验设置 X_m 的超标概率 P_α（简称 α），默认值取 $\alpha = 1\%$，确定 α 后，由 X_m 的分布函数直接求出：

$$X_m = F^{-1}(\overline{X}, \sigma_X, \alpha) \tag{4.7}$$

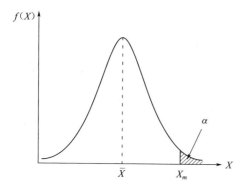

图 4.42　随机变量 X 的分布图和特性值

由 K - S 法进行统计检验可知，监测成果值满足正态分布，并求出概率密度函数 $f(X)$，最后采用式（4.5）计算容许最大值，即预警的监控指标为 X_m（图 4.42）。

当实测值 $X > X_m$，系统产生预警，推送预警信息给用户，并在首页高亮显示。

2. 统计模型分析预警

对于垂直位移效应量、水平位移效应量、渗流效应量、应力效应量、裂缝开度效应量等监测值，可以利用统计模型分析，建立相应的统计模型，通过统计模型计算出预测值 X_m，计算预测值 X_m 和实测值 X 残差，S 为剩余均方差。

若残差 $|X_m - X| \leqslant 2S$ 时，表示测值正常。

当 $2S < |X_m - X| \leqslant 3S$ 时，预警跟踪监测 2～3 次，当无趋势性变化，则为正常，否则为异常，系统产生预警，推送预警信息给用户，并在首页高亮显示。

当 $|X_m - X| < 3S$ 时，测值异常，系统产生预警，推送预警信息给用户，并在首页高亮显示。

4.5.5.6　分析成果智能输出

数据分析完成后，系统支持各种格式监测图形报表绘制、下载与打印，图形绘制将根据整编规范，绘制有关图形，图形种类有过程线、相关线、纵向分布图、横向分布图、平面分布图等（图 4.43）。

（1）过程线。每个项目都有过程线，根据项目不同绘制不同的过程线，过程线不同主要表现在坐标和所选数据上。横坐标为时间坐标，坐标可以在图的下方，也可以在图的上方，时间的标注可根据时间长度不同而不同；纵坐标为各观测项目的工程物理量，包括位势和化引流量，大部分在图的左侧，降水量在图形右上方，渗流量在图形右下方。绘制过程线时，根据项目的不同，选择相应的坐标和监测数据。过程线的坐标可以调整。

（2）相关线。坝基扬水位与上游水位相关线，上游水位和温度为横坐标，其他为纵坐标。计算相关系数、剩余标准差，给出线性方程，绘出相关线、二倍标准差的范围线。

（3）表面变形纵向分布图：横坐标为桩号，纵坐标为位移量。

表面变形横向分布图：图形上面为断面轮廓图，下面为分布线，纵坐标为位移量。

（4）坝基扬压力分布图：绘制坝基扬压力分布图。

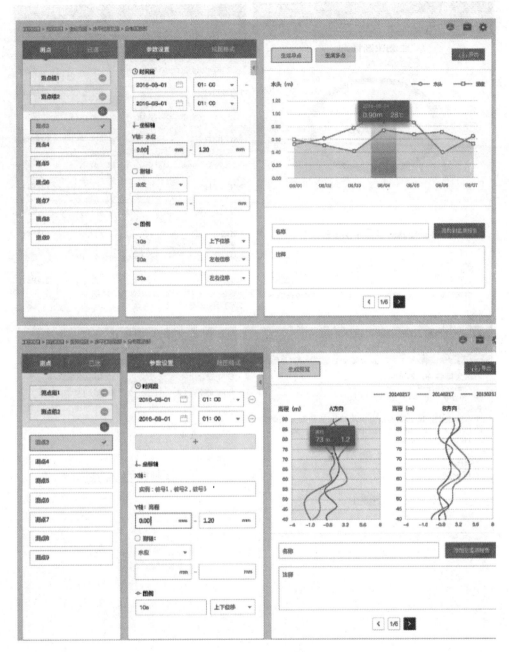

图 4.43 分析成果

4.5.6 基于移动终端的信息管理

移动平台上的客户端，涉及的系统功能包括系统登录、监测数据查询、采集终端信息查询、告警通知。具体功能同上面提到的各对应模块。系统主要功能界面如图 4.44 所示。

图 4.44　移动终端信息管理

4.5.7　系统管理

对系统基本功能进行配置管理，包括用户管理、权限管理、日志管理、异常管理、系统监控等。

4.5.7.1 用户管理

对系统用户进行管理，包括用户维护、用户登录、用户注销。

用户维护可对系统的使用用户进行维护，分配对应的用户信息给用户来登录系统。

4.5.7.2 权限管理

进行系统用户权限配置管理，包括用户角色设置。

通过配置用户的角色，设置用户属于哪一个系统角色。用户设置角色后，系统根据角色进行权限控制。

4.5.7.3 日志管理

对系统操作日志进行管理、查看。包含系统运行日志、用户操作日志、第三方系统调用日志等。

根据日志级别及日志记录时间查看系统运行日志、用户操作日志及第三方系统的调用日志。

4.5.7.4 数据监控

对系统中提供给第三方系统的数据流量进行监控。

记录数据共享服务被第三方系统调用的时间、次数、数据量，并按月进行数据量的统计，统计结果采用图表形式显示。

第5章 基于物联网的库岸地质灾害安全监测自动化系统

以乌东德水电站为依托，结合乌东德高位自然边坡特点，基于物联网安全监测智能采集成套装备和信息管理平台具备的采集终端管理、监测数据管理和系统管理等模块和相关功能，提出了基于现代物联网技术的库岸地质灾害安全监测自动化系统方案，将传统监测自动化系统的三级设置（监测管理中心站、监测管理站、监测站）优化为两级（监测管理中心站、监测站），成功解决施工期自动化通信、供电、避雷等关键技术难题，构建了库岸边坡施工期建立安全监测自动化系统的方法和技术体系，在施工期即建立乌东德高位自然边坡安全监测自动化系统，使工程安全监测自动化实现时间从运行初期提前至施工期。

5.1 乌东德水电站枢纽区库岸边坡基本情况

5.1.1 库岸边坡基本情况

坝址所处区域属中山峡谷地貌，两岸呈现不连续、不规则、向江中倾斜的台状地形，坝址区所在的乌东德峡谷下段，长约 1.8km（图 5.1 和图 5.2）。河道基本顺直，流向 SE160°，至金坪子滑坡前缘弧形拐弯后以 SW225°方向流向下游。坝址区两岸地形基本对称，河谷狭窄陡峻，部分河段呈峡谷套嶂谷的形态特征。坝址区边坡工程主要分为工程边坡和高位自然边坡。

工程边坡主要包括泄洪洞进口边坡（高 155m）、左岸导流洞进口边坡（高 220m）、左岸坝肩边坡（高 427m）、左岸出线场边坡（高 80m）、左岸坝后水垫塘边坡（高 298m）、左岸尾水出口边坡（高 117m）、泄洪洞出口边坡（高 153m）、泄洪洞水垫塘边坡（高 133m）、右岸导流洞进口边坡（高 206m）、右岸电站进水口边坡（高 176m）、右岸坝肩边坡（高 462m）、右岸出线场边坡（高 58m）、右岸坝后水垫塘边坡（高 216m）、右岸尾水边坡（高 167m）、硝沟堆积体等，如图 5.3、图 5.4 所示。较高的工程边坡主要有坝肩边坡、坝后水垫塘边坡、泄洪洞进出口边坡、泄洪洞水垫塘边坡及电站建筑物进出口边坡，属于工程高边坡。根据《水电水利工程边坡设计规范》（DL/T 5353—2006）有关规定，坝肩边坡、泄洪洞进出口边坡及电站建筑物进出口边坡均属Ⅰ级边坡，坝后水垫塘边坡及泄洪洞水垫塘边坡属Ⅱ级边坡。

高位自然变边坡为位于枢纽区工程边坡以上的自然边坡，在平面上位于左岸红崖湾沟至彪水沟之间，右岸大红沟至船房沟之间，左右岸范围分别长约 2.7km、1.8km；在立面上位于工程边坡开口线或泄洪雾化影响区以上。

工程高边坡和高位自然边坡具体情况如下。

图 5.1 坝址区地貌航片

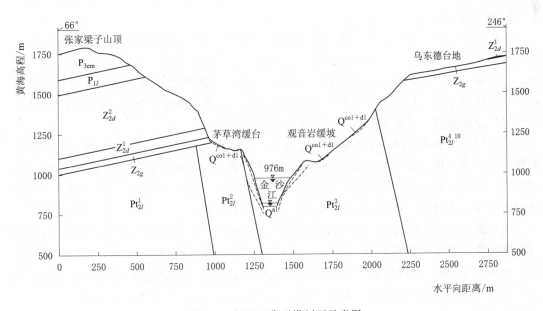

图 5.2 坝址区典型横剖面示意图

图 5.3　左岸高位自然边坡示意图

图 5.4　右岸高位自然边坡示意图

1. 工程高边坡

（1）坝肩边坡。边坡岩体坚硬；边坡结构主要为斜-横向坡、横向坡、逆向坡，仅左岸上游横河向坡为顺向坡，但岩层倾角与开挖坡度近一致；断层与裂隙总体不发育，多短小，岩体多呈微新状，主要为非卸荷与弱卸荷岩体，局部即顶部或山外侧存在强卸荷岩体。工程边坡不存在整体稳定问题，主要存在层面、局部小断层、裂隙等相互切割构成的小型块体稳定问题，以及下游逆向坡局部倾倒变形问题。

（2）坝后水垫塘边坡。坝后水垫塘边坡岩质坚硬；边坡结构主要为横向坡，局部为斜向坡；多呈微新状，仅雷家湾沟处为弱风化下带，主要为弱卸荷岩体，上部为强弱卸荷，弱卸荷体质量以 $II_2 \sim III_1$ 级为主，少量为 $IV_1 \sim IV_2$ 级。边坡不存在整体稳定问题，局部稳定问题为块体问题，及雷家湾沟处极薄—薄层岩体剥落。

（3）泄洪洞进出口边坡。泄洪洞进口边坡岩体坚硬；洞脸边坡为斜-反向坡，内侧边坡为横向坡；坡面强卸荷岩体占 $1/3 \sim 2/3$，其余弱、未卸荷岩体质量多为 III_1 级与 IV_2 级，少量为 II_2 级。工程边坡不存在整体稳定问题，局部稳定问题主要为：块体稳定问题、极薄—薄层大理岩化白云岩剥落问题以及洞脸边坡可能出现倾倒变形问题。

泄洪洞出口洞脸边坡岩体坚硬；边坡结构属顺向坡，断层、裂隙等构造结构面不发育，且规模小；多呈微新状，主要由非卸荷及弱卸荷岩体组成；岩体质量主要为 $II_1 \sim III_1$

级，边坡整体稳定，局部稳定问题主要为块体稳定问题。

泄洪水垫塘边坡上部为土质边坡，稳定性差。上、下游侧基岩边坡均为顺向坡，内、外侧基岩边坡均为斜横向坡；构成边坡的岩体除上游侧边坡为中厚～厚层较完整坚硬岩、岩体质量为 II_2 级外，其他坡段受花山沟断层（F_6）或梁子断层（F_7）影响岩体完整性均较差，岩体质量为 IV_1～IV_2 级。工程边坡稳定性除上游侧边坡稳定性较好外，其他坡段稳定性均较差～差、抗冲刷能力弱。

（4）电站建筑物边坡。进出口边坡岩体完整，岩体质量良好，采取系统锚杆整体加固，并辅以一定的预应力锚索、喷混凝土及排水等措施。

2. 高位自然边坡

两岸高位自然边坡整体稳定性较好，但仍存在两类工程地质问题：一类是局部稳定问题，包括块体、潜在不稳定倾倒岩体、变形体、盖层缓倾顺向坡、堆积体等5个方面；另一类是随机广泛存在的坡面危石或浮石。

根据前期现场调查，高位自然边坡共发现170个块体、20个潜在不稳定倾倒岩体及左岸导流洞泄洪洞进口上方潜在不稳定倾倒岩体集中发育区，针对块体及潜在不稳定倾倒岩体，主要采用锚固和清除措施。鸡冠山倾倒变形体位于右岸鸡冠山山梁上游坡上，整体处于稳定状态，但局部稳定性较差，为防止变形体继续倾倒变形及坡面滚石落石，在坡脚位置设置混凝土嵌补及被动防护网，在坡面设置主动防护网。乌东德村盖层缓倾顺向坡稳定性良好，仅对前缘局部较陡部位设置主动网防护。左岸钱窝子堆积体位于左岸红崖湾沟下游，整体处于基本稳定状态，但前缘陡崖部位稳定系数不满足规范要求，主要采取地表截排水+地下排水洞并结合局部锚固+柔性防护网进行综合防治；右岸梅子坪堆积体位于右岸大红沟上游，整体处于稳定状态，仅对前缘陡坎进行主动网防护。对随机广泛存在的坡面危石或浮石，主要设置主、被动柔性防护网进行防护，局部采用喷锚支护。

5.1.2 监测设施布置情况

为全面掌握乌东德电站枢纽区边坡在各个阶段的运行情况和安全状况，根据枢纽区边坡的特点和地质情况，在各工程边坡、高位自然边坡等部位布置了变形、渗流、应力-应变等监测项目，主要包括多点位移计、锚杆应力计、锚索测力计、水位孔、表面位移监测点等监测设施。

根据监测部位不同对变形、渗流、应力-应变等监测设施进行了统计，各类监测项目监测点总量见表5.1，各边坡工程监测点仪器类型及数量见表5.2。边坡工程共计埋设仪器2172支（座），其中在左岸边坡工程中共埋设仪器979支（座），在右岸工程边坡中共埋设仪器812支，在左岸高位自然边坡中共埋设仪器217支（座），在右岸高位自然边坡中共埋设仪器89支（座），金坪子滑坡体共埋设仪器75支（座）。

表5.1　　　　边坡工程各类监测项目测点数量汇总统计　　　　单位：个

项　目	深部变形	应力-应变	渗流	表面变形	小计
左岸工程边坡	160	607	40	172	979
右岸工程边坡	150	462	43	157	812

续表

项　目	深部变形	应力-应变	渗流	表面变形	小计
左岸高位自然边坡	12	179	3	23	217
右岸高位自然边坡	10	62	0	17	89
金坪子滑坡体	9	4	27	35	75
总计	341	1314	113	404	2172

表 5.2　　　　　　　　各边坡工程监测点仪器类型及数量统计

序号	部　位	仪器名称	数量	类型
1	泄洪洞进口边坡	多点位移计/支	9	振弦式
		锚杆应力计/支	30	振弦式
		锚索测力计/台	19	振弦式
		表面位移监测点/座	9	
2	左岸导流洞进口边坡	多点位移计/支	4	振弦式
		锚杆应力计/支	6	振弦式
		锚索测力计/台	7	振弦式
		表面位移监测点/座	13	
3	左岸电站进水口边坡	多点位移计/支	36	振弦式
		锚杆应力计/支	51	振弦式
		锚索测力计/台	72	振弦式
		表面位移监测点/座	38	
4	左岸坝肩边坡	多点位移计/支	19	振弦式
		锚杆应力计/支	25	振弦式
		锚索测力计/台	42	振弦式
		表面位移监测点/座	25	
5	左岸出线场边坡	多点位移计/支	4	振弦式
		锚杆应力计/支	5	振弦式
		锚索测力计/台	8	振弦式
		表面位移监测点/座	4	
6	左岸坝后水垫塘边坡	多点位移计/支	25	振弦式
		锚杆应力计/支	102	振弦式
		锚索测力计/台	34	振弦式
		渗压计/支	40	振弦式
		表面位移监测点/座	31	
7	左岸尾水出口边坡	多点位移计/支	30	振弦式
		锚杆应力计/支	63	振弦式
		锚索测力计/台	29	振弦式
		表面位移监测点/座	19	

序号	部　　位	仪器名称	数量	类型
8	泄洪洞出口边坡	多点位移计/支	11	振弦式
		锚杆应力计/支	36	振弦式
		锚索测力计/台	19	振弦式
		表面位移监测点/座	12	
9	泄洪洞水垫塘边坡	多点位移计/支	21	振弦式
		锚杆应力计/支	26	振弦式
		锚索测力计/台	33	振弦式
		表面位移监测点/座	21	
10	右岸导流洞进口边坡	多点位移计/支	21	振弦式
		锚杆应力计/支	9	振弦式
		锚索测力计/台	16	振弦式
		测斜孔/个	3	
		表面位移监测点/座	29	
11	右岸电站进水口边坡	多点位移计/支	78	振弦式
		锚杆应力计/支	138	振弦式
		锚索测力计/台	88	振弦式
		表面位移监测点/座	51	
12	右岸坝肩边坡	多点位移计/支	21	振弦式
		锚杆应力计/支	28	振弦式
		锚索测力计/台	27	振弦式
		渗压计/支	5	振弦式
		表面位移监测点/座	29	
13	右岸出线场边坡	多点位移计/支	2	振弦式
		锚杆应力计/支	3	振弦式
		锚索测力计/台	2	振弦式
		表面位移监测点/座	4	
14	右岸坝后水垫塘边坡	多点位移计/支	14	振弦式
		锚杆应力计/支	58	振弦式
		锚索测力计/台	27	振弦式
		渗压计/支	31	振弦式
		表面位移监测点/座	18	
15	右岸尾水出口边坡	多点位移计/支	6	振弦式
		锚杆应力计/支	46	振弦式
		锚索测力计/台	20	振弦式
		表面位移监测点/座	6	

续表

序号	部 位	仪器名称	数量	类型
16	硝沟堆积体	测斜孔/个	5	
		水位孔/个	7	
		表面位移监测点/座	15	
17	左岸高位自然边坡	多点位移计/支	12	振弦式
		锚杆应力计/支	88	振弦式
		锚索测力计/台	91	振弦式
		水位孔/个	3	
		表面位移监测点/座	23	
18	右岸高位自然边坡	多点位移计/支	10	振弦式
		锚杆应力计/支	12	振弦式
		锚索测力计/台	50	振弦式
		表面位移监测点/座	17	
19	左岸 1-2 交通洞	测斜孔/个	1	
		表面位移监测点/座	5	
20	金坪子滑坡体	伸缩仪/台	5	差阻式
		裂缝计/支	4	振弦式
		水位孔/个	17	
		量水堰/座	10	
		测斜孔/个	4	
		表面位移监测点/座	35	

5.2 高位自然边坡智能监测方案研究与实践

根据乌东德水电站高位自然边坡的规模特点、监测数据传输距离、各部位重要性和接入安全监测自动化系统的必要性，利用项目研发的安全监测智能采集成套装备，提出了乌东德高位自然边坡内观仪器监测自动化系统方案，在施工期即实现了高位自然边坡安全监测自动化。

5.2.1 智能监测方案

乌东德水电站两岸位自然边坡陡峭且危岩体众多，左右岸顺河长度分别约 2.7km、1.8km，左右岸岸坡最大坡高约 1036m 和 830m。高位自然边坡监测设施分布范围广，测点多，供电、通信不便，传统安全监测自动化方案需要在边坡监测设施全部埋设安装完毕后，再根据测点分布进行布线、组网和配置采集、供电、通信等设备，限于高陡边坡的地形和交通条件，自动化系统不仅造价高、施工不便，而且建设时间较晚（待所有测点埋设完工后，才能开始自动化系统安装），前期仍存在大量人工采集工作量。

　　研发的无线采集终端、无线网关等智能采集设备具有适用于测点分散、即插即用、低功耗、自带电池供电或太阳能供电、无线通信、传输距离远等特点。

　　因此，乌东德高位自然边坡内观仪器监测自动化系统利用研发设备采用按监测站和监测中心管理站两级设置的网络结构，监测站和监测中心管理站之间的信号传输采用无线方式，各监测站采集终端安装在现地监测仪器附近，并采用自带的高能电池供电，大大节省了电缆集中牵引和供电工程量。另外，利用无线采集终端的即插即用和自动组网功能，使得仪器埋设和接入系统可以同步完成，除了少量的人工比测工作外，基本省略了人工观测工作量。

　　高位自然边坡内观监测仪器安全监测自动化子系统网络结构如图 5.5 所示。高位自然

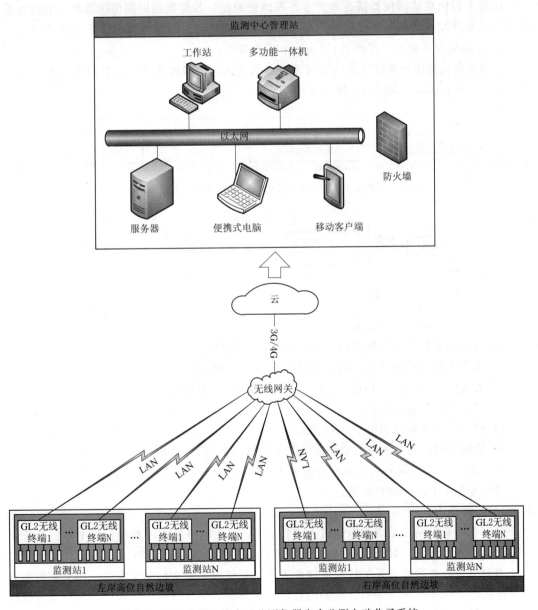

图 5.5　高位自然边坡内观监测仪器安全监测自动化子系统

边坡内部监测仪器包括多点位移计、锚杆应力计、锚索测力计、渗压计等。

5.2.1.1　通信方式

高位自然边坡内观监测仪器安全监测自动化系统按两级设置，即监测站和监测中心管理站。监测站为边坡上各现地无线采集终端放置的部位，监测中心管理站为安装采集计算机、采集软件及相关外部设备的场所。

传感器与监测站、监测站与监测中心管理站、监测中心管理站与流域安全监测监控中心之间均存在通讯。各站点之间通信具体如下。

1. 传感器与监测站：电缆

边坡工程内观监测仪器就近牵引至各现地监测站，各监测站根据传感器类型和数量配置无线采集终端或数据采集仪（MCU），传感器和监测站之间信号通过仪器电缆传输。

2. 监测站与监测中心管理站：LoRa＋3G/4G

监测站与监测中心管理站之间采用无线通信方式，无线通信方式具有两种：①LoRa＋3G/4G；②3G/4G，如图 5.6、图 5.7 所示。

图 5.6　监测站与监测中心管理站通信方式

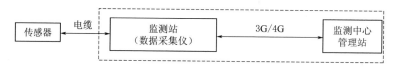

图 5.7　监测站与监测中心管理站通信方式

（1）LoRa＋3G/4G 方式如下：

1）监测站安装无线采集终端，坝址区设置无线网关。

2）无线采集终端与网关之间，利用 LoRa 技术通信。

3）无线网关与监测中心管理之间，利用 3G/4G 信号通信。

（2）"3G/4G" 方式如下：

1）监测站安装数据采集仪（MCU）。

2）数据采集仪与监测中心管理之间，利用 3G/4G 信号通信。

3. 监测中心管理站和流域安全监测监控中心

采用专用 Internet 网络通信。

5.2.1.2　供电方式

监测中心管理站从站内配电箱引入多路 220V 交流电对站内设备进行供电，同时配备一套交流不间断电源（UPS），蓄电池按维持设备正常工作 48h 设置。

监测站主要使用数据采集仪或低功耗无线采集终端，其中数据采集仪采用太阳能板和蓄电池供电；低功耗无线采集终端采用自带可更换高能电池供电；无线网关在有条件部位采用市电供电，其他部位采用太阳能板和蓄电池供电。

5.2.1.3 防雷和接地

针对监测自动化系统的防雷要求及雷击危害的两种方式，从直击雷防护和雷电感应过电压防护两方面进行防护。根据乌东德水电站的实际情况，监测中心管理站可直接利用工程的防雷和接地设施，接地装置的电阻应小于 4Ω；机房内设备的工作地、保护地采用联合接地方式与工程区公用接地网可靠连接。

户外监测站各无线采集终端和无线网关等设备自带通信防雷模块和传感器防雷模块。

5.2.2 现场实施

根据上述高位自然边坡自动化监测方案，利用研发的无线采集终端、无线网关等提前实现了乌东德高位自然边监测自动化。其中，在左岸高位自然边坡和右岸高位自然边坡共使用1 通道 GL2 无线采集终端 26 台，6 通道 GL2 无线采集终 98 台，GL2 无线网关 2 套，共接入187 支仪器。现场实施以来，系统运行良好。现场实施过程如图 5.8 和图 5.9 所示。

图 5.8 无线网关安装调试

图 5.9（一）　无线采集终端安装

图 5.9（二）　无线采集终端安装

根据现场高位自然边坡运行结果，将上述无线自动化方案推广应用于乌东德水电站整个边坡工程及其他大中型水电站库岸边坡的智能监测。

5.3　边坡工程内观安全监测自动化系统设计

在高位自然边坡监测系统成功运行的基础上，将上述方案推广应用于乌东德水电站整个边坡工程，提出了边坡工程安全监测自动化系统方案，提交了《金沙江乌东德水电站边坡工程安全监测自动化系统方案设计》和《金沙江乌东德水电站边坡工程安全监测自动化系统招标设计》报告，并通过中国三峡建设管理有限公司组织的审查。下面将对乌东德枢纽区边坡工程内观仪器安全监测自动化方案进行介绍。

乌东德水电站安全监测自动化系统主要包括三大子系统。

（1）大坝安全监测自动化子系统。

（2）地下工程安全监测自动化子系统。

（3）边坡工程安全监测自动化子系统。

其中，边坡工程安全监测自动化子系统又包含以下两部分内容：①边坡工程内部监测仪器安全监测自动化子系统；②边坡工程外部变形安全监测自动化子系统。内部监测仪器包括多点位移计、锚杆应力计、锚索测力计、渗压计等，外部变形指边坡表面位移监测点。

枢纽区边坡工程内观安全监测自动化系统分为两级：①监测站；②监测中心管理站。

通过在现有人工观测站安装无线采集终端，在枢纽区加装无线网关，并在监测中心管理站配置服务器等相关设备即可实现枢纽区边坡工程安全监测自动化。

　　枢纽区边坡工程安全监测自动化系统，除有特殊需要外（如：避免雾化不利影响等），主要通过在边坡工程已有人工观测站直接建立自动化监测站。共接入内观自动化系统测点总数 1660 支，设置 123 个监测站，共 3834 个通道。其中，左岸工程边坡 29 个监测站共接入 794 支仪器，需 1755 个通道；右岸工程边坡 30 个监测站共接入 642 支仪器，需 1510 个通道，左岸高位自然边坡 27 个监测站共接入 135 支仪器，需 354 个通道，右岸高位自然边坡 15 个监测站共接入 52 支仪器，需 190 个通道，金坪子滑坡体设置 22 个测站需 25 个通道。

第6章 库岸地质灾害仪器设备率定与安装方法

6.1 仪器设备率定的一般规定

（1）生产厂家在监测仪器设备出厂前，完成全部监测仪器设备的率定、调试和检验等工作。每项设备均应提交检验合格证书。

（2）监测仪器设备运至现场后，按厂家的要求在工地存放和保管，并制定仓库管理规章制度。

（3）按照相关技术条款和施工图纸要求，对运至现场的全部监测仪器设备进行检验和验收，验收合格后方可使用。

（4）施工单位按《混凝土坝安全监测技术规范》（SL 601—2013）、《土石坝安全监测技术规范》（SL 551—2012）、《大坝安全监测仪器检验测试规程》（SL 530—2012）等相关规范要求对全部仪器设备进行全面测试、校正、率定，对电缆进行通电测试。测试、校正、率定除非监理人另有要求外在监理人在场的情况下进行。测试报告在安装前28天报送监理人审查。

（5）所有光学、电子测量仪器必须经批准的国家计量和检验部门进行检验和率定，检验合格后方能使用。超过检验有效期的，将重新检验。检验成果将提交监理人。

（6）仪器设备小心装卸、存放和安装，以免损坏。如果在装卸、存放过程中发生损坏，在28天内按《大坝安全监测仪器检验测试规程》（SL 530—2012）规定、施工图要求或监理人指示进行更换或予以修复并重新率定，且发包人不另行支付费用。如果在安装过程中发生损坏，立即用其他已经测试、校正和率定的同类型仪器进行替换，此种替换发包人不另行支付费用。

（7）根据检验结果编写仪器设备检验报告，并将在仪器设备开始安装前，提交监理人审核确认合格后进行安装埋设。

（8）在现场设立仪器检验、率定室，对所有传感器及电缆进行率定、检验。用于检验、率定的仪器设备，必须经过国家标准计量单位或国家认可的检验单位检验合格，且检验结果在有效期内。如现场无法率定的监测仪器将送至合格检验单位进行率定。

（9）承担仪器设备检验、率定的技术人员具有上岗证。

（10）将检验合格的仪器设备，放在干燥的仓库中妥善保管。对存放时间达到6个月而未安装的仪器，在安装时将对仪器性能再次检验。

（11）在检验、率定过程中，小心装卸仪器，以免损坏，如果在此期间损坏仪器，将按要求予以更换。

6.2　弦式仪器的率定

6.2.1　力学性能检验

1. 测缝计（三向测缝计）

（1）率定设备及工具：率定架 1 套，大量程千、百分表 2 块，专用紧固接头 2 对，扳手 1 把，起子 1 只，润滑油 1 瓶，加力器，钢弦频率读数仪一台。

（2）率定方法。

1）把专用夹具固定在大率定架上，组成位移计的率定架。将传感器筒和拉杆夹在率定架上，再安装好千、百分表。将传感器的量程分级 5～7 个测点。摇动手柄，进行预拉压 3 次。

2）用频率计读出初读数。按量程等分若干级进行拉压，各级读一次频率数记入表中，作 3 个循环后结束，取下传感器。

3）灵敏度系数 k 的计算：

$$k = \frac{\sum_{i=1}^{n} L_i}{\sum_{i=1}^{n} (f_i^2 - f_0^2)}$$

式中　L_i——每次拉伸长度，mm；

　　　f_i——每次拉伸 L_i 长度的频率，Hz；

　　　f_0——初始频率，Hz；

　　　n——拉压次数。

4）误差 Δ 的计算：

$$\Delta = \frac{L_i - L_i'}{L_i} \times 100\%$$

$$L_i' = K(f_i^2 - f_0^2)$$

式中　L_i——各级拉伸长度，mm；

　　　L_i'——各级计算的长度，mm。

若误差 $|\Delta|$ 值小于量程的 1% 为合格。

2. 渗压计

（1）率定的设备：主要设备为专用压力罐 1 套、加压泵 1 台、密封接头、精密压力表、扳手 4 把、生料带。

（2）率定方法（图 6.1）。

1）把仪器固定在活塞式压力计上，用水（或变压器油）做传力媒介，试验方法同钢弦式位移计的防水试验，等分 5 级以上压力级，每级稳压 10～

图 6.1　渗压计率定方法示意图

30min 之后再加压或减压。

2）灵敏度系数 k 的计算：

$$k = \frac{\sum\limits_{i=1}^{n} P_i}{\sum\limits_{i=1}^{n}(f_i^2 - f_0^2)}$$

式中　P_i——各级压力时标准压力表读数，MPa；

　　　f_i——各级压力的频率，Hz；

　　　f_0——初始频率，Hz；

　　　n——拉压次数。

3）误差 Δ 的计算：

$$\Delta = \frac{P_i - P'_i}{L_i^{\Delta}} \times 100\%$$

$$P'_i = K(f_i^2 - f_0^2)$$

式中　P'_i——计算得到的压力值，MPa。

若误差 $|\Delta|$ 值小于量程的 1% 为合格。

3. 锚索测力计

（1）率定设备：相应量程的标准压力机；频率计。

（2）率定方法（图 6.2）。

1）率定时，压力机需配置特殊的加压头（垫块）、锚索测力计承载筒上下面均设置专用承载垫板，以反映锚索测力计在现场的实际受力状态，加压头及承载垫板经平整加工，不得有焊疤、焊渣及其他异物（非常微小的异物可能导致在小荷载阶段读数误差）。

2）正式加压前，先对锚索测力计预压 3 次，预压压力应大于锚索测力计额定压力的 10%。特别需要注意的是在预压时，应缓慢施加压力并在最大压力处停留 1min 以上。预压完成后，锚索测力计静置 5min 以上方可进行正式率定。

图 6.2　锚索测力计率定方法示意图

3）按照设计规定的分级标准逐级加载卸载，循环 3 次，并记录各级的频率。率定读取各测点数据时，严格保证施加压力的稳定。

4）根据测试结果计算出直线性和重复性，小于 1% F·S 视为合格。

4. 钢板计

（1）率定设备：相应量程的标准压力机、频率计。

（2）率定方法。

1）率定时，压力机需配置特殊的加压头（垫块）、钢板计承载筒上下面均设置专用承载垫板，以反映钢板力计在现场的实际受力状态，加压头及承载垫板经平整加工，不得有焊疤、焊渣及其他异物（非常微小的异物可能导致在小荷载阶段读数误差）。

2）正式加压前，先对钢板计预压 3 次，预压压力应大于钢板计额定压力的 10%。特别需要注意的是在预压时，应缓慢施加压力并在最大压力处停留 1min 以上。预压完成后，钢板计静置 5min 以上方可进行正式率定。

3）按照设计规定的分级标准逐级加载卸载，循环 3 次，并记录各级的频率。率定读取各测点数据时，严格保证施加压力的稳定。

4）根据测试结果计算出直线性和重复性，小于 1% F·S 视为合格。

5. 土压力计

（1）率定设备：相应量程的标准压力机，振弦式读数仪一台。

（2）率定方法。

1）率定时，压力机需配置特殊的加压头（垫块）、土压力计承载筒上下面均设置专用承载垫板，以反映钢筋计在现场的实际受力状态，加压头及承载垫板经平整加工，不得有焊疤、焊渣及其他异物（非常微小的异物可能导致在小荷载阶段读数误差）。

2）正式加压前，先对土压力计预压 3 次，预压压力应大于土压力计额定压力的 10%。特别需要注意的是在预压时，应缓慢施加压力并在最大压力处停留 1min 以上。预压完成后，土压力计静置 5min 以上方可进行正式率定。

3）按照设计规定的分级标准逐级加载卸载，循环 3 次，并记录各级的读数。率定读取各测点数据时，严格保证施加压力的稳定。

4）根据测试结果计算出直线性和重复性，小于 1% F·S 视为合格。

6. 应变计、无应力计、表面应变计

进行仪器最小读数（灵敏度）f 值的校验，从校验时记录的测试数据可计算仪器的端基线性度误差 α_1、回差 α_2 和重复性误差 α_3，以判断仪器的准确度（图 6.3）。

图 6.3　应变计、无应力计、表面应变计率定方法示意图

（1）参比工作条件：环境温度为 10～30℃，试验时，环境温度应保持稳定；环境相对湿度不大于 80%。

（2）主要设备（均由计量部门检定合格）：零级千分表，10mm 和 15mm 零级百分表；大小校正仪及其他工具。

（3）校验方法。校验前应在仪器测量范围上、下限值内预先拉压循环 3 次以上，直至测值稳定。分档规定见表 6.1。

仪器分档检验：先将仪器下行至下限值，读出读数后，逐档上行，每档测试，全量程共测得 n 个读数。后向下行，每档测试，同样测得 n 个读数。共完成 3 次循环。

（4）测值计算与误差检验计算。

1）各点总平均值：

$$(za)_i = \frac{(zu)_i + (zd)_i}{2}$$

式中　$(zu)_i$——上行第 i 档读数的平均值；

$(zd)_i$——下行第 i 档读数的平均值。

2）各档测点的理论值：

$$(zt)_i = \frac{\Delta zi}{n} + za$$

式中　i——测点序号（0，1，…，n）；

　　Δz——量程上下限为各自 6 次读数的平均值之差。

3）各点读数的偏差：

$$\delta_i = (za)_i - (zt)_i$$

4）端基线性度误差 α_1：

$$\alpha_1 = \frac{\Delta 1}{\Delta z} \times 100\%$$

式中　$\Delta 1$——取 δ_i 的最大值。

5）回差 α_2：

$$\alpha_2 = \frac{\Delta 2}{\Delta z} \times 100\%$$

式中　$\Delta 2$——每一循环中上行及下行两个读数之间的差值取最大值。

6）重复性误差 α_3：

$$\alpha_3 = \frac{\Delta 3}{\Delta z} \times 100\%$$

式中　$\Delta 3$——3 次循环中各测点上行记下行的各自 3 个读数之间的差值，取其最大值。

7）最小读数 f 值：

$$f = \frac{P}{A} \times \frac{1}{\Delta z}$$

式中　P——检验时的最大拉应力，N。

力学性能的各项误差见表 6.1。

表 6.1　　　　　　　　　　力 学 性 能 的 误 差 表

项目	α_1	α_2	α_3	α_f
限差/%	2	1	0.5	3

7. 钢筋计

（1）率定设备：相应量程的标准压力机；频率计及其他配套工具。

（2）率定方法（图 6.4）。

1）率定时，压力机需配置特殊的加压头（垫块）、钢筋计承载筒上下面均设置专用承载垫板，以反映钢筋计计在现场的实际受力状态，加压头及承载垫板经平整加工，不得有焊疤、焊渣及其他异物（非常微小的异物可能导致在小荷载阶段读数误差）。

2）正式加压前，先对钢筋计预压 3 次，预压

图 6.4　钢筋计率定方法示意图

压力应大于钢筋计额定压力的 10%。特别需要注意的是在预压时，应缓慢施加压力并在最大压力处停留 1min 以上。预压完成后，钢筋计静置 5min 以上方可进行正式率定。

3）按照设计规定的分级标准逐级加载卸载，循环 3 次，并记录各级的频率。率定读取各测点数据时，严格保证施加压力的稳定。

4）根据测试结果计算出直线性和重复性，小于 1% F·S 视为合格。

6.2.2　弦式仪器温度性能检验

下述检验方法适用于所有弦式传感器。

（1）率定设备及工具：恒温水槽 1 台，二等标准水银温度计 1 支（读数范围为 −20～70℃，精度 0.1℃），钢弦频率计 1 台，扳手 2 把。

（2）率定步骤。

1）将若干冰块敲碎，冰块小于 30mm 备用。

2）恒温水槽底均匀铺满碎冰，厚 100mm，把仪器横卧在冰上，仪器与浴壁不能接触，再覆盖 100mm 厚碎冰，仪器电缆按颜色接到频率计上，把温度计插入冰中。向放好仪器的碎冰槽内注入自来水，水与冰的比例为 3∶7 左右，恒温 2h 以上。

3）0℃频率测定：每隔 10min 读一次频率，并记下测值，连续 3 次读数不变后，结束 0℃试验，得到零度时的频率值。

4）通电加热搅动，使温度上升 10℃，恒温 30min。保持 10min 测读一次温度和频率，连续测读 3 次直至稳定，结束该温度测试。按上述办法按照每 10℃一级进行测量到 60℃。

5）温度系数 k 计算：

$$k = \frac{\sum\limits_{i=1}^{n} T_i}{\sum\limits_{i=1}^{n}(f_i^2 - f_0^2)}$$

式中　T_i——逐级温度，℃；

f_i——每级温度的频率（或频率的平均值），Hz；

f_0——零度时的频率，Hz。

6.2.3　弦式仪器防水性能检验

（1）试验设备及工具：压力容器、压力表、进水管、排水管、排水阀、手动或电动压水试验泵、钢弦频率计、兆欧表、扳手等。

（2）试验步骤。

1）用兆欧表测仪器绝缘度。将绝缘度值大于 50MΩ 的仪器放入水中浸泡 24h 之后，测浸泡后的绝缘值。若浸泡后绝缘值下降，视为不能防水。

2）将初检合格仪器放入压力容器，把电缆从出线孔中引出，将密封盖关好。用高压皮管将泵与压力容器连接，起动压力泵，使高压容器充水，待水从压力表安装孔溢出，排除压力容器内所有空气后，再安装上 0.2 级的标准压力表。拧紧电缆出现孔螺丝。

3）试压水。可加压到最高试验压力，看密封处是否已封好。打开回水阀降压至零。

如没有封堵好，处理好后再试压，直至完全密封不漏水为止。

4）把仪器的电缆按芯线颜色接到钢弦频率计上。

5）按最高水压分为4～5级。从零开始，分级加压至最高压力后，又分级推压回零。各级测读一次频率，并记录到正规的记录表中。完成上述试验，循环后结束。

6）用500V兆欧表测仪器的绝缘电阻。绝缘电阻大于50MΩ为防水性能合格。

6.3 光纤光栅仪器的率定

6.3.1 螺栓应力计

（1）根据螺栓标准规格，制作加载装置，如图6.5所示。

图6.5 螺栓应力计率定装置

（2）拉力测试，根据螺栓强度控制每级加载值，最大加载值根据1500$\mu\varepsilon$控制，通常分10级加载。

（3）每级加载稳定后通过光纤光栅解调仪测试传感器波长数据，并计算应变值。

（4）压力测试，根据螺栓强度控制每级加载值，最大加载值根据1500$\mu\varepsilon$控制，通常分10级加载。

（5）每级加载稳定后通过光纤光栅解调仪测试传感器波长数据，并计算应变值。

（6）分析测试数据，建立实际应力值与螺栓应变的对应关系。

传感器计算公式

$$P = EK_p(P_s - P_o)$$

式中　P——应力值，MPa；

　　　E——螺栓的弹性模量；

　　K_p——应变与波长变化量的比例系数，$\mu\varepsilon/nm$；

　　P_s——光栅的测量波长值，nm；

　　P_o——光栅的初始波长值，nm。

6.3.2 FBG 单向测缝计

（1）位移传感器安装到标定架上，如图6.6、图6.7所示，安装完成后，数显尺归零，尾线接头接入解调仪内。

（2）预拉传感器，慢慢摇动手摇把手，使得传感器拉伸杆拉出，把传感器拉到满量程

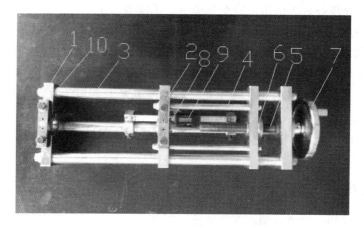

图 6.6　光纤光栅位移传感器测试装置

1—固定板；2—活动板；3—支撑杆；4—拉杆；5—传动螺杆；6—传动螺母；

7—手摇把；8—尺座；9—数字测尺；10—紧定螺钉

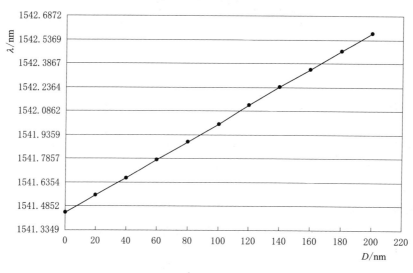

图 6.7　标定曲线

（满量程数值以传感器型号确定），记录数据。

（3）撞零：往回摇动手摇把手，使得传感器拉杆收回，直到数显尺数值为 0，记录数据。

（4）正向标定：从初始点开始，摇动手摇把手，以十分之一满量程为一级，直到满量程为止，记录各级的数据。

（5）负向标定：从满量程点开始，反向摇动手摇把手，以五分之一满量程为一级，直到回到初始点为止，记录各级的数据。

（6）位移-波长拟合系数大于 0.999 视为合格。

传感器计算公式：

$$D = K_p \left[(P_s - P_o) - K_t (P_t - P_{to}) \right]$$

式中　D——位移值，mm；

　　　K_p——位移与波长变化量的比例系数，mm/nm；

　　　K_t——波长变化的温补系数；

　　　P_o——位移光栅的初始波长值，nm；

　　　P_s——位移光栅的测量波长值，nm；

　　　P_t——温补光栅的测量波长值，nm；

　　　P_{to}——温补光栅的初始波长值，nm。

6.3.3　FBG 渗压计

（1）将光纤光栅渗压传感器安装到压力表校验器上，如图 6.8、图 6.9 所示，安装完成后，压力表归零，尾线接头接入解调仪内。

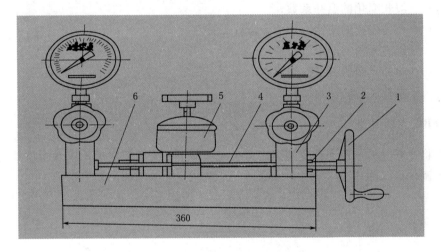

图 6.8　光纤光栅渗压传感器测试装置

1—旋转手轮；2—手摇泵；3—单向阀门；4—导管；5—油杯；6—底座

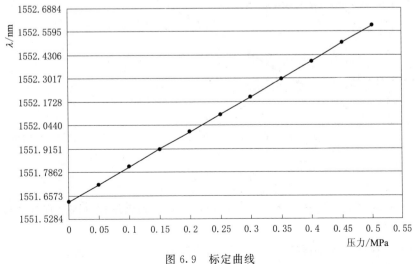

图 6.9　标定曲线

（2）预拉传感器，把传感器拉到满量程（满量程数值以传感器型号确定），记录数据。

（3）撞零：往回摇动手摇把手，直到压力表数值为 0，记录数据。

（4）正向标定：从初始点开始，摇动手摇把手，以十分之一满量程为一级，直到满量程为止，记录各级的数据。

（5）负向标定：从满量程点开始，反向摇动手摇把手，以五分之一满量程一级，直到回到初始点为止，记录各级的数据。

（6）压力-波长拟合系数大于 0.999 视为合格。

传感器计算公式：

$$P = K_p \left[(P_s - P_o) - K_t (P_t - P_{to}) \right]$$

式中　P——压力值，MPa；

K_p——压力与波长变化量的比例系数，MPa/nm；

K_t——波长变化的温补系数；

P_o——压力光栅的初始波长值，nm；

P_s——压力光栅的测量波长值，nm；

P_t——温补光栅的测量波长值，nm；

P_{to}——温补光栅的初始波长值，nm。

6.3.4　FBG 土压力计

（1）将光纤光栅土压力计安装到压力表校验器上，安装完成后，压力表归零，尾线接头接入解调仪内（图 6.10）。

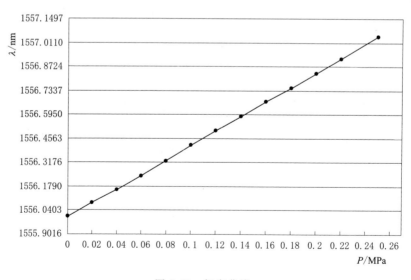

图 6.10　标定曲线

（2）预拉传感器，慢慢摇动手摇把手，把传感器拉到满量程（满量程数值以传感器型号确定），记录数据。

（3）撞零：往回摇动手摇把手，直到压力表数值为 0，记录数据。

（4）正向标定：从初始点开始，摇动手摇把手，以十分之一满量程为一级，直到满量程为止，记录各级的数据。

（5）负向标定：从满量程点开始，反向摇动手摇把手，以五分之一满量程为一级，直到回到初始点为止，记录各级的数据。

（6）压力-波长拟合系数大于 0.999 视为合格。

传感器计算公式：

$$P = K_p \left[(P_s - P_o) - K_t (P_t - P_{to}) \right]$$

式中　P——压力值，MPa；

　　　K_p——压力与波长变化量的比例系数，MPa/nm；

　　　K_t——波长变化的温补系数；

　　　P_o——压力光栅的初始波长值，nm；

　　　P_s——压力光栅的测量波长值，nm；

　　　P_t——温补光栅的测量波长值，nm；

　　　P_{to}——温补光栅的初始波长值，nm。

6.3.5　FBG 应变计

（1）根据传感器的长度调节标定架的长度，后面丝杆活动区域要达到传感器满量程的长度（图 6.11）。

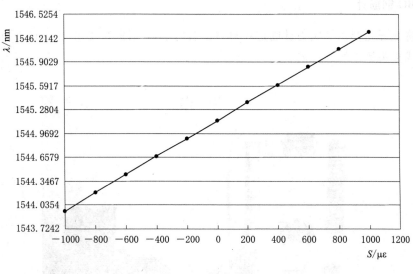

图 6.11　标定曲线

（2）传感器用光纤熔接机接好跳线，把跳线接头接入 FBG 解调仪内，记录传感器的初始值。

（3）把传感器固定到标定架上，把螺丝拧紧固定好，转动把手使传感器的波长与传感器的初始值相近，再把千分表归零。

（4）预拉传感器，慢慢摇动手摇把手，使传感器达到正的满量程停止拉伸，记录数据，摇动手摇把手，把传感器回归到零点，记录数据；接着摇动手摇把手，使传感器达到负的满量程停止拉伸，记录数据；摇动手摇把手，把传感器回归到零点，并记录数据。

（5）正向标定：从传感器负的满量程开始，摇动手摇把手，以传感器满量程的十分之一为一级，直到正的满量程为止，记录各级的数据。

（6）反向标定：从正的满量程点开始，反向摇动手摇把手，以满量程的五分之一为一级，直到回到负的满量程为止，记录各级的数据。

（7）应变-波长拟合系数大于 0.999 视为合格。

传感器计算公式：

$$S = K_p \left[(P_s - P_o) - K_t (P_t - P_{to}) \right]$$

式中　S——应变值，$\mu\varepsilon$；

K_p——应变与波长变化量的比例系数，$\mu\varepsilon/\mathrm{nm}$；

K_t——波长变化的温补系数；

P_o——应变光栅的初始波长值，nm；

P_s——应变光栅的测量波长值，nm；

P_t——温补光栅的测量波长值，nm；

P_{to}——温补光栅的初始波长值，nm。

6.3.6　FBG 钢筋计

（1）将光纤光栅钢筋应力计固定在材料试验机上，如图 6.12 和图 6.13 所示，安装完成后，尾线接头接入解调仪内。

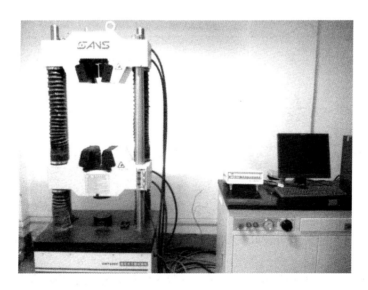

图 6.12　光纤光栅钢筋应力计测试装置

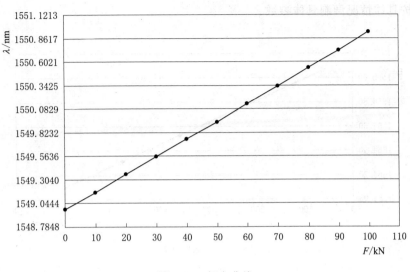

图 6.13 标定曲线

（2）调整材料试验机拉力，使拉力读数显示为 0kN，此处即为标定的初始点。接着逐渐增大拉力，把传感器拉到满量程（满量程数值以传感器型号确定），记录数据。撞零：逐渐减小拉力，直至读数显示为 0kN，记录数据。

（3）正向标定：从初始点开始，逐渐增大拉力，以传感器满量程的十分之一为一级，直到正的满量程为止，记录各级的数据。

（4）负向标定：从满量程点开始，逐渐减小拉力，以满量程的五分之一为一级，直到回到初始点为止，记录各级的数据。

（5）拉力-波长拟合系数大于 0.999 视为合格。

传感器计算公式：

$$F = K_p \big[(P_s - P_o) - K_t (P_t - P_{to}) \big]$$

式中　　F——拉力值，kN；

　　　　K_p——拉力与波长变化量的比例系数，kN/nm；

　　　　K_t——波长变化的温补系数；

　　　　P_o——拉力光栅的初始波长值，nm；

　　　　P_s——拉力光栅的测量波长值，nm；

　　　　P_t——温补光栅的测量波长值，nm；

　　　　P_{to}——温补光栅的初始波长值，nm。

6.3.7　FBG 锚索测力计

（1）设备仪器的连接。将传感器光纤的一端用光纤熔接机接好跳线，将跳线接在 FBG 解调仪上。

（2）安放锚索计。将锚索计放在液压式万能试验机测试台的正中央。

（3）调制仪器参数。打开液压式万能试验机，如图 6.14 所示，将试验方案调为金属压缩，并按具体情况调制具体参数。

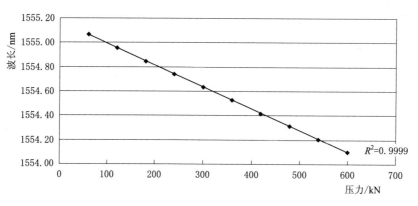

图 6.14 标定曲线

（4）记录锚索计初始的波长值，调节万能试验机，使其加压到传感器的满量程，记录此时的波长值，如果后 3 组两次波长值变化相差不大则进行下一步试验；如果波长变化相差较大，表示加压不均匀，调节锚索计位置，重新测试。

（5）调节压力值为 0kN，记录初始波长值。增加试验机压力值，以传感器满量程的十分之一为一级，直到正的满量程为止，记录各级的数据。

（6）加载满量程后，开始卸载，逐渐减小拉力，以满量程的五分之一为一级，直到回到初始点为止，记录各级的数据。

（7）压力-波长拟合系数大于 0.999 视为合格。

传感器计算公式：

$$N=K_p\left[\left(P_s-P_o\right)-\left(P_t-P_{to}\right)\right]$$

式中 N——轴力值，kN；

　　　　K_p——轴力与波长变化量的比例系数，kN/nm；

　　　　P_o——轴力光栅的初始波长值的平均值，nm；

　　　　P_s——轴力光栅的测量波长值的平均值，nm；

　　　　P_t——温补光栅的测量波长值，nm；

　　　　P_{to}——温补光栅的初始波长值，nm。

6.3.8 光纤光栅解调仪

1. 波长重复性

波长重复性是指光纤光栅在恒定的外界环境中，不受外界扰动影响的情况下，设备长期测试，解调出来的波长的漂移量大小，即表征设备长期重复稳定测试的能力。

将标准光纤光栅陶瓷温度计固定在恒温水槽内，且温度计放置于水槽的中间，避免与水槽壁和水槽底部触碰（图 6.15）。

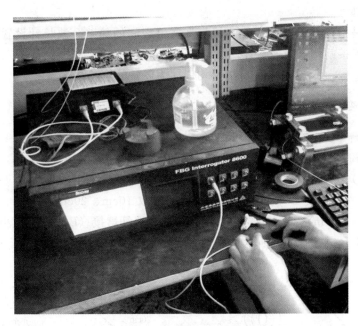

图 6.15 解调仪标定

将恒温水槽加满水,温度设置为 40℃ 保持恒定,稳定温度一个小时左右开始测试,恒温水槽内放置一支用作参考用的高精度电子温度计,精度为 0.01℃,实时测试水槽内水温的波动是否在温度波动范围内。

待恒温水槽内温度稳定后,将标准光纤光栅陶瓷温度计通过跳线接到设备上进行测试,测试时长 1h,自动记录波长数据,分析波长数据的稳定情况,计算波长的正负漂移量即为设备的波长重复性。

2. 波长范围

波长范围是指设备所能测试的最小波长、最大波长及其最小波长和最大波长之间的所有波长,即设备的波长范围解调能力。将法布里-珀罗 (F-P) 标准具(标准具的波长范围是 1510～1590nm,通道隔离度是 100GHz)通过跳线接到设备上进行解调,获取光谱数据,记录并保存光谱;查看解调出来的光谱数据是否连续,连续的光谱数据显示的波长范围即为设备的波长范围。

3. 动态范围

动态范围是指设备所能够测量到的最强信号与最弱信号的比值,动态范围是影响测量方便性的一个重要指标,是表征设备能承受的链路上光损大小的重要参数。

(1)将反射率大于 95% 的标准光纤光栅通过跳线接到设备上进行解调,查看并记录光谱数据,拔下光纤光栅跳线头,进行下一步操作。

(2)先将可调式光衰减器接到设备上,然后把反射率大于 95% 的标准光纤光栅通过跳线接到衰减值的另一头,用设备进行解调,查看并记录光谱数据。

(3)按照 1db 每级逐渐调节衰减器,每次调节后测试是否有光谱,光谱是否正常,直至检测不出光谱时,衰减器衰减值的 2 倍即为设备的动态范围。

4. 测试精度

波长精度是指设备解调出来的波长与真实值之间的偏差。波长计设置 3 组标准波长 λ_1、λ_2、λ_3，连接解调仪与波长计，读取解调仪的测试波长值 λ_{10}、λ_{20}、λ_{30}，则波长差 $|\lambda_1-\lambda_{10}|$、$|\lambda_2-\lambda_{20}|$、$|\lambda_3-\lambda_{30}|$ 的平均值即为设备的波长测试精度。

6.3.9　光纤应变/温度分析仪

1. 空间分辨率

将中心频率 VB（0）不同的 A、B 两种光纤做进行间隔熔接，其中 A、B 为中心频率（室温、无应力）分别为 10.640GHz 和 10.850GHz 的两种裸纤（或其他不同中心频率光纤）。分别截取一定长度 D 的 B 种光纤（D 通常取 10cm、20cm、30cm、40cm、50cm、80cm、100cm、150cm、200cm），用熔接机将两种裸纤熔接（B 种光纤最小间距小于设备最高空间分辨率），如图 6.16 所示。

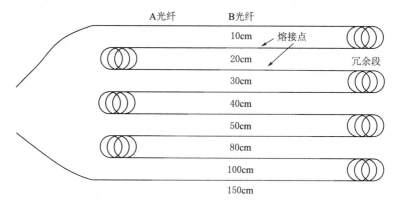

图 6.16　光纤串接示意图

设备应能分辨出最高空间分辨率所对应长度的 B 种光纤，根据图 6.17 的判别标准，来识别空间分辨能力。

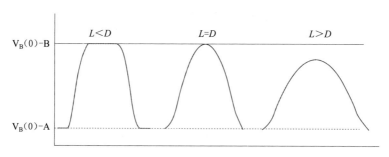

图 6.17　测试曲线示意图

2. 温度识别精度测试

将一段 10m 左右的自由光纤放入恒温水域槽中（控温精度 0.1℃），光纤不受任何外力及水波动的影响。静置 1h 后，将控温装置逐级升温，待温度稳定后测试光纤的中心频率的漂移情况，获取温度与频移的关系，图 6.18 为试验装置。采集某一温度 T_0 下的数据，将温度升高或降低 T_1，保持恒定，再连续测试 20 次以上数据，根据率定的关系，获取测试温度 T。

设备在最高空间分辨率参数条件下测试，根据率定系数转换后，$T-T_1$ 与初始温度 T 的差值，应不大于设备的温度测试精度。

3. 应变识别精度测试

将一段裸纤粘贴固定于拉伸台两端，固定点之间间距 L，采用千分表控制拉伸位移，预拉光纤采集初始数据。再次拉伸光纤长度 ΔL，保持稳定，连续采集 20 次以上数据，将测试段数据的平均值与初始数据做差 $\Delta \varepsilon$，并与真实应变 $\Delta L/L$ 进行比较。

设备在最高空间分辨率参数条件下测试，$\Delta \varepsilon$ 与 $\Delta L/L$ 的差值，应不大于设备的应变测试精度（图 6.19）。

图 6.18　高低温水浴槽

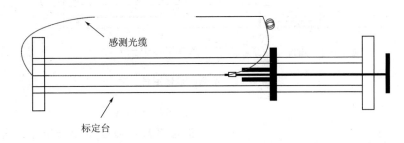

图 6.19　拉伸标定装置

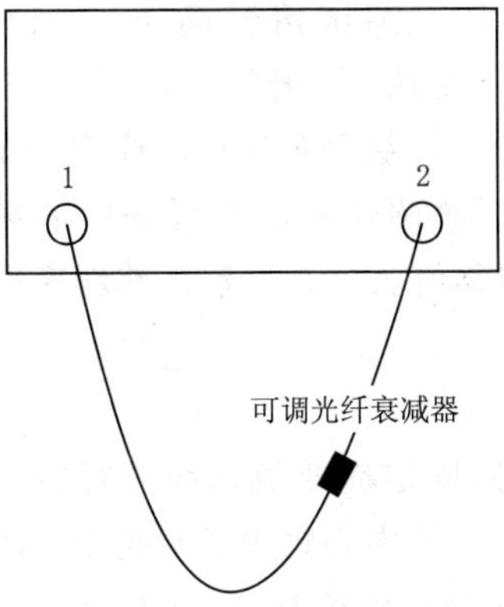

4. 测试重复性

将一段 10m 左右的自由光纤放入恒温水域槽中（控温精度 0.1℃），光纤不受任何外力及水波动的影响。控制温度恒定，静置 1h 后，连续采集不少于 50 次数据（图 6.20）。

计算测试段的平均值的极差，即该极差值作为仪器的重复性。

5. 动态范围

在测试光纤加上一可调衰减器方式制造光损，测试已知真实应变段光纤，当设备获取的应变值不在应变精度范围内时，测试衰减器光损 d，其光损值代表仪器的最大测试动态范围。

图 6.20　测试装置示意图

所测试光损 d 值应高于设备最大动态范围。

6.4 感测光缆的检验率定

6.4.1 定点式应变感测光缆的检验及率定

1. 应变系数率定

应变系数指温度不变情况下，光纤布里渊中心频率漂移量与应变量之间的比值关系。将光纤固定在拉伸台的两端，如图 6.21 所示，按照 $1000\mu\varepsilon$ 每级进行定点拉伸，光纤产生的应变值 ε 为拉伸量 ΔL/光纤长度 L，光纤的中心频率漂移值 Δf 通过分布式应变解调仪测得（仪器要求：精度高于 $10\mu\varepsilon$，空间分辨率高于 1m）。ΔL 采用游标卡尺或百分表进行测量，测量精度为 0.01mm，为了降低系统误差，光纤长度 L 值应该大于 1000mm，应变的控制精度达到 10×10^{-6} 以上。建立真实应变与频移之间的关系，其斜率即为光缆应变系数（图 6.22）。

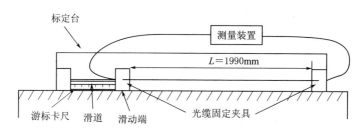

图 6.21 光缆位移标定台

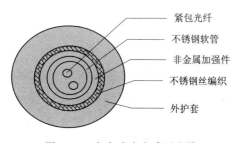

图 6.22 定点式应变感测光缆

2. 温度系数率定

温度系数指应变不变情况下，光纤布里渊中心频率漂移量与温度量之间的比值关系。如图 6.23 所示，恒温水浴槽连通保温管，保温管内放置高精温度计（测试精度高于 0.01℃），控制恒温水浴槽温度从 0℃升至 80℃（水浴槽控温精度 0.01℃），每级升温 5℃，稳定 30min 后通过分布式光纤解调仪测试光纤的中心频率漂移值 Δf，记录温度计显示温度 T。建立温度 T 与频率漂移值 Δf 的关系，其斜率即为光缆的温度系数。

3. 位移相对误差测试

将光纤固定在位移标定台的两端，如图 6.24 所示，按照固定应变值每级进行定点拉伸，光纤产生的实际应变值 ε 为拉伸量 ΔL/光纤长度 L，光纤的中心频率漂移值 Δf 通过分布式应变解调仪测得（仪器要求：精度高于 $10\mu\varepsilon$，空间分辨率高于 1m）。ΔL 采用游标卡尺或百分表进行，测量精度为 0.01mm，为了降低系统误差，光纤长度 L 值应该大于 1000mm，应变的控制精度达到 10×10^{-6} 以上。

（1）逐级拉升光缆，每级拉升 $1000\mu\varepsilon$，通过拉伸量 ΔL/光纤长度 L 进行位移控制，

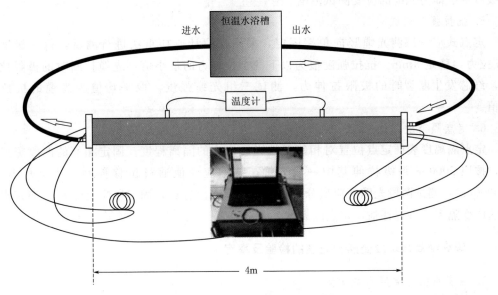

图 6.23 光缆位移标定台

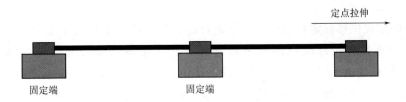

图 6.24 应变隔离度测试布设图

每次拉伸稳定后通过分布式解调设备测试光缆布里渊偏移值 ΔF。

（2）每次拉升实际位移通过数显尺或者百分表读数，记为 ΔL_i，由布里渊频移值根据光缆的应变系数计算每级光缆位移变化值，记为 S_i。

（3）光缆位移计算值相对于标准值（位移标定装置对光缆施加的位移量）的满量程相对误差，记为 δ，则

$$\delta = \left| \frac{s_i - \Delta L_i}{\Delta L_n} \right| \times 100\% \mathrm{F} \cdot \mathrm{S}$$

式中　s_i——第 i 级次光缆测试位移值，mm；

　　　ΔL_i——第 i 级次给定位移标准值，mm；

　　　ΔL_n——给定的最大位移值与最小位移值之差，mm。

4. 应变范围测试

将光纤固定在位移标定台的两端，如图 6.24 所示，按照 1000×10^{-6} 应变值每级进行定点拉伸，光纤产生的实际应变值 ε 为拉伸量 ΔL/光纤长度 L，每次拉伸稳定后通过分布

式设备采集读数（设备频率为 10～13GHz），直至光缆拉断或者设备无法读取数据，则前一级应变值即为光缆的应变测试范围。

5. 抗拉强度测试

定点式应变感测光缆竖向单端固定，采用拉力计或挂重法进行测试，每一级增加 5N 拉力，稳定 3min。抗拉强度值为以下两个拉伸力的最小值：光缆拉断时的极限拉伸力，纤芯发生断裂时的极限拉伸力，测试三组光缆强度，取平均值为光缆的抗拉强度值。

6. 定点隔离度测试

定点隔离度表征定点位置对相邻两端光缆应变的隔离程度。固定相邻的两段定点光缆，按照 $2000\mu\varepsilon$ 每级拉伸其中一段光缆，拉伸应变值通过位移控制，共拉升 10 级（$20000\mu\varepsilon$），测试两段光缆的应变分布，受拉段应变记为 ε_1，固定段应变记为 ε_2 对定点位置的应变隔离度进行评估，定点隔离度 λ 表示为 $(\varepsilon_1-\varepsilon_2)/\varepsilon_1\times100\%$。

6.4.2　碳纤维复合基应变感测光缆的检验及率定

1. 应变系数及温度系数率定

碳纤维复合基应变感测光缆的温度及应变系数率定方法与 6.4.1 节定点式光缆的率定方法相同。

2. 抗拉强度测试

将光纤固定在位移标定台的两端，标定台配置拉力计（量程大于 1000N），按照 50N 拉力值进行定点拉伸，每次拉伸稳定后通过分布式设备采集读数（设备频率为 10～13GHz）。抗拉强度值为以下两个拉伸力的最小值：光缆拉断时的极限拉伸力，纤芯发生断裂时的极限拉伸力，测试三组光缆强度，取平均值为光缆的抗拉强度值。

3. 初始应变均匀性

初始应变均匀性表征一定长度传感光缆初始应变分布均匀程度的指标。当传感光缆处于自由状态，通过分布式应变解调仪测得光缆的应变分布（仪器要求：精度高于 10×10^{-6}，空间分辨率高于 1m），在光缆全长范围内，计算任意 500m 区间内光缆初始应变的 2 倍均方差，取最大值作为表征传感光缆的应变均匀性的指标。

6.5　电缆及光缆的检验率定

6.5.1　电缆的检验及率定

电缆在使用前按照监理人的要求进行检验，用万用表检测芯线有无折断，检查外皮有无破损；用电动压水试验泵对浸泡在水中的电缆外皮充气，检查是否出气泡。将电缆浸泡在水中，线端露出水面，浸泡 12h，检查电缆的绝缘值，大于 $50M\Omega$ 为合格。仪器电缆为能负重、防水、防酸、防碱、耐腐蚀、质地柔软的专用电缆，其芯线为镀锡铜丝，适应温度范围在 $-20\sim80℃$ 之间。电缆芯线在 100m 内无接头（图 6.25～图 6.27）。

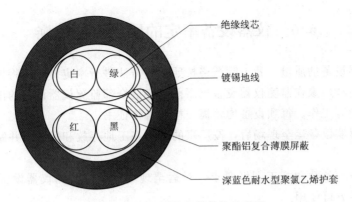

图 6.25　4 芯屏蔽电缆结构示意图

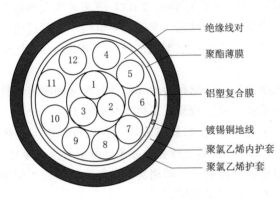

图 6.26　24 芯屏蔽电缆结构示意图

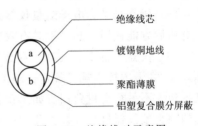

图 6.27　绝缘线对示意图

6.5.2　通信光缆的检验及率定

光缆在使用前按照监理人的要求用下面两种方法之一进行，第一种方法是用光时域发射仪 OTDR，第二种是用光源和光功率计。采用 OTDR 从光缆的一端测试光纤的光衰减。检验时把至少 1km 长的光纤连接在 OTDR 和被测光纤之间，以提高被测光纤端头附近的分辨率，避免距连接点 10m 内被测光纤的断裂和损伤都不能探测到；如果对某一盘被测光缆的光性能有怀疑时，将从光缆的另一端测试有怀疑的光纤，并取两次测试结果的平均值，作为该光纤的光衰减数值。采用光源和光功率计对光纤进行光衰减测试。

试验完毕后为防止潮气进入光纤内，要密封光缆端部。对产品用目力进行逐件检查。如果发现线盘有损坏，还需对该盘每根光纤进行下列测试：

光纤的连接性。检查每根光纤的连续性，是否有光纤断裂或光纤出现不正常现象衰减。光缆线盘盘长的总衰减及每千米衰减每根光纤都应该测量。衰减一致性符合光纤的衰减在整个长度上均匀分配，不能有不连续点，在某设计波长上的不连续点，单模光纤不超过 0.1dB，多模光纤不超过 0.2dB。衰减一致性测量从双向进行，其结果取平均值。

光纤长度。光纤可用 OTDR 测量。测量中所用的折射率由制造商提供。检验厚道的光缆盘数量及其长度与订货数量是否符合。

6.6　仪器设备率定的质量保证措施

为保证仪器设备的质量，我方除严格按照上述方法进行率定外，还将做到以下几点：

（1）要求生产厂家在监测仪器设备出厂前，完成全部监测仪器设备的出厂状态下的率定、调试和检验等工作。每项设备均将提交检验合格证书。

（2）监测仪器设备运至现场后，按厂家的要求在工地存放和保管，并制定仓库管理规章制度。

（3）按本技术条款和施工图纸要求，对运至现场的全部监测仪器设备进行检验和验收，验收合格后方可使用。

（4）按《混凝土坝安全监测技术规范》（SL 601—2013）、《土石坝安全监测技术规范》（SL 551—2012）、《大坝安全监测仪器检验测试规程》（SL 530—2012）等相关规范和施工图规定的有关技术要求对全部仪器设备进行全面测试、校正、率定，对电缆还进行通电测试。这种测试、校正、率定除非监理人另有要求外均将在监理人在场的情况下进行。测试报告将在安装前 28 天报送监理人审查。

（5）所有光学、电子测量仪器必须经批准的国家计量和检验部门进行检验和率定，检验合格后方能使用。超过检验有效期的，将重新检验。检验成果将提交监理人。

（6）仪器设备小心装卸、存放和安装，以免损坏。如果在装卸、存放过程中发生损坏，在 28 天内按本规范规定、施工图要求或监理人指示进行更换或予以修复并重新率定，且发包人不另行支付费用。如果在安装过程中发生损坏，立即用其他已经测试、校正和率定的同类型仪器进行替换，此种替换发包人不另行支付费用。

（7）根据检验结果编写仪器设备检验报告，并将在仪器设备开始安装前，提交监理人审核确认合格后进行安装埋设。

（8）在现场设立仪器检验、率定室，对所有传感器及电缆进行率定、检验。用于检验、率定的仪器设备，是经过国家标准计量单位或国家认可的检验单位检验合格，且检验结果在有效期内。如现场无法率定的监测仪器将送至合格检验单位进行率定。

（9）承担仪器设备检验、率定的技术人员必须具有上岗证。

（10）我方按《混凝土坝安全监测技术规范》（SL 601—2013）、《土石坝安全监测技术规范》（SL 551—2012）、《大坝安全监测仪器检验测试规程》（SL 530—2012）等相关规范和施工图规定的有关技术要求对全部仪器设备进行全面测试、校正、率定，对电缆还将进行通电测试。测试、校正、率定除非监理人另有要求外在监理人在场的情况下进行。测试报告在安装前 28 天报送监理人审查。仪器检验、率定后向监理工程师提交一份每支仪器的检验、率定报告。

（11）将检验合格的仪器设备，放在干燥的仓库中妥善保管。对存放时间达到 3 个月而未安装的仪器，在安装时将对仪器性能再次检验。

（12）在检验、率定过程中，小心装卸仪器，以免损坏，如果在此期间损坏仪器，将按要求予以更换。

第 7 章　仪器设备安装保护方法

7.1　仪器设备的安装方法

7.1.1　一般规定

（1）监测仪器的安装埋设及观测是一项专业性非常强的技术工作，为保证安装埋设及观测质量，依据相关规范要求，检验测试、安装埋设及观测应由具有水利工程量测类质量检测资质和监测仪器安装埋设及观测实际经验的单位组织实施，并严格按施工详图、相关设计文件、水利工程相关规程规范和政策法规的规定以及仪器使用说明书（有效版本）等执行。

（2）监测仪器设备的安装埋设随土建施工进行，须严格按本技术要求的规定，做好仪器设备的钻孔、安装、埋设、调试和保护工作，保证监测仪器设备埋设时机和实施质量，监测人员均为具有水利工程类相关专业的专职技术人员并有一定的水利工程安全监测的经验和经历。

（3）在土建施工前根据技术要求及设计图纸技术要求制定监测仪器安装计划，并编制详细的监测仪器安装埋设技术要求，内容包含（但不限于）盾构管片预留安装渗压计孔洞、浇筑管片时预安装钢筋计和应变计等技术要求，以及其他监测仪器安装埋设、线缆走线、监测仪器保护等技术要求。

（4）监测仪器设备的埋设计划应列入建筑物的施工进度计划中，以便及时提供工程安装埋设作业面，并协调好监测仪器安装与建筑物施工的相互干扰。

（5）仪器设备安装和埋设须使用经批准的编码系统，对各种仪器设备、电缆、监测断面、控制坐标等进行统一编号。每支仪器均须建立档案卡和基本资料表，并将仪器资料按发包人指定的格式录入计算机仪器档案库中。

（6）应严格按批准的监测仪器设备布置，且按照生产厂家的使用说明书进行安装和埋设。若监理人检查发现埋设的仪器设备失效，有权指示立即置换。

（7）仪器电缆和光纤的铺设将按施工图纸和生产厂家说明书进行，电缆和光纤应尽可能减少接头、拼接和连接接头。在所有仪器的线缆上加设至少 3 个耐久、防水、间距为20m 的标签，以保证识别不同仪器所使用的线缆。

（8）仪器设备及电缆、光纤安装埋设后，会同监理人在规定的时间内进行检查，并提交检查报告。经监理人验收合格后，由施工单位测读初始值提交监理人。

（9）每支仪器安装和埋设后，将仪器的安装埋设考证表提交监理人。

（10）在施工过程中，施工单位应保护好所有仪器设备（包括电缆）和设施，包括为保护部位提供保护罩、保护标志和路障等。未完成管道和套管的开口端及时加盖。

（11）仪器电缆和光纤安装将根据现场情况尽可能按没有接头的实际最大长度采用，拼接和连接将按厂家要求进行。仪器安装后，未经监理人批准，电缆及光纤不允许截短和拼接加长。

（12）从仪器安装地到工程管理中心之间的电缆埋设的走向和槽、立管的布置将根据施工图和监理人的指示进行，施工单位可根据其工作计划和施工现场情况对这些布置进行变更，但须保证变更不对结构及防渗产生不利影响，且不使电缆长度显著增加。施工单位至少在其工作计划开始日期之前 28 天，将这些变更申请提交监理人审批。

（13）仪器设备及电缆、光纤在安装埋设之后将进行检查和校正，并提交现场校准报告。经监理人检查验收后立即测读起始值，获取初始数据后，其固定保护。

（14）接长分布式光缆的每束通讯光缆引线经过检修排水井或渗流排水井时均预留 5m 的光缆集中保护，避免光缆在某段损坏时影响数据的采集。

（15）施工单位在钢管内衬结构的盾构隧洞段保证监测仪器设备不超出盾构管片内弧面 5cm。

（16）每支仪器埋设和安装后 14 天内，将仪器及其安装的下列详细资料提交监理人，这些资料包括（但不限于）：

1）仪器的种类、型号、编号和说明。

2）按比例图示仪器所在部位的位置、仪器的坐标和高程、电缆敷设的准确位置和路线、电缆、光纤所有接头的位置和仪器安装所用的材料。

3）仪器埋设的日期、时间以及气候气温情况。

4）仪器埋设时附近施工区作业情况。

5）安装埋设时的照片。

6）所取得的初始数据。

（17）由施工单位和监理人双方签字的所有安装埋设记录。

（18）施工期间，施工单位在所有仪器电缆上加上至少 3 个耐久的、防水的、最大间距不超过 20m 的标签，以保证连续识别不同仪器的电缆。

（19）在工作进展中，所有仪器或接头将予保护，并根据监理人的要求提供保护罩、标志和路障。所有未完成的管道和套管的开口端将加盖，管和套管里面将保持没有外部物质进入。

（20）在仪器安装、埋设、混凝土回填作业中，如发现有异常变化或损坏现象，及时采取补救措施。在仪器和电缆埋设完毕后，及时检测，确认符合要求后，编写施工日志，绘制竣工图。

7.1.2　监测仪器设备安装和维护措施计划

1. 监测仪器设备安装埋设技术措施

按监理人指示，编制监测仪器设备安装埋设和维护技术措施，提交监理人批准，其内容包括以下几个方面：

（1）监测仪器设备编码及其电缆标识规则。

（2）监测仪器设备安装埋设方法和程序。

（3）监测仪器设备安装埋设详图。

（4）施工期监测仪器设备的维护措施。

（5）质量和安全保证措施。

（6）监测仪器设备安装埋设与工程建筑物施工的协调安排和要求。

2. 监测仪器设备的现场保护和维护措施计划

在监测仪器设备安装前 28 天，提交一份全部监测仪器、设备、电缆的现场保护和维护措施计划报送监理人审批，其内容包括各结构物部位监测仪器、设备、电缆、光纤的保护方法、预防措施、设备维护措施及与其他标段的协调措施等。

7.1.3 与其他标段相关的土建工程施工计划

在监测仪器设备安装前 21 天，提交一份由其他标段配合实施的钻孔计划、由其他标段配合实施的电缆喷护、安装配合、施工保护计划报送监理人审批，其内容包括与监测仪器设备安装埋设相关的土建钻孔的施工时段、技术要求，安装配合及监测仪器设备电缆埋设后的施工保护要求等。

7.2 变形监测仪器设备的安装及保护

7.2.1 观测墩的埋设及保护

1. 观测墩的埋设

（1）水平位移测点观测墩的建造，应与建筑物牢固结合，并浇筑钢筋混凝土底座和柱身，标墩顶部设置强制对中基座，基座对中精度小于 0.1mm；埋设时，强制对中基座调整水平，其倾斜度不得大于 4°。

（2）水平位移工作基点的建造，根据地质情况按设计技术要求、施工图详图及有关技术规范要求选取相对固定的位置浇筑钢筋混凝土底座和柱身，用锚筋和基岩连接成整体。

（3）水准基准点、起测基点观测墩的建造实地选取在建筑物以外相对稳定点，浇筑钢筋混凝土底座及埋设水准标心。

（4）水平位移观测点、水平位移工作基点、水准起测基点和水准基准点应设保护装置。

（5）混凝土标墩所用混凝土等级不低于 C30，标体严格捣密，表面刷白色防水墙漆道，用红油漆喷印编号。

2. 观测墩的保护

观测墩建造完成后应安排专人值班以防被人为破坏，待观测墩终凝粉刷后，在观测墩上用专用油漆喷上"监测设施、严禁破坏"字样，并定期巡检加强对观测墩的保护。

7.2.2 单向测缝计的安装及保护

1. 衬砌管片外弧面的单向测缝计的安装及保护

（1）衬砌管片外弧面的单向测缝计的安装。在预制衬砌管片时，根据测缝计安装位置在两块相邻管片预留沟槽，具体尺寸根据预安装仪器的大小、安装要求确定，在安装完成后仪器不外凸，在管片拼装完成后安装测缝计，测缝计的具体安装方式如下（图 7.1）：

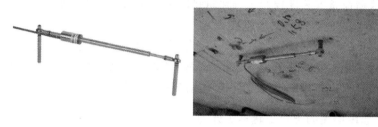

图 7.1　测缝计的实物图及典型安装图

1）利用读数仪或率定表中的读数确定合适的设置距离，用电锤或其他合适的工具在确定的位置钻两个深约 75mm、直径 12.5mm 的钻孔，如果锚杆被切短钻孔也可相应浅些。

2）用已固定的锚杆安装裂缝计，如果在中间位置安装仪器，把固定传感器传递杆绑好的尼龙扣拆除，用灌浆或环氧填注钻孔并将锚杆推进直至与表面齐平，然后使用速凝水泥或环氧树脂灌浆。

3）水泥或环氧树脂凝固后，取掉球形万向节末端的螺母并用螺丝刀拧紧球头顶丝，重新装上螺母固定顶丝。

4）用读数仪检查读数，利用率定表中的读数检测安装位置是否合适。

（2）衬砌管片外弧面的单向测缝计的保护。采用保护盒保护好测缝计。在沟槽保护盒外表面回填混凝土，所有沟槽与回填混凝土结合部位在混凝土浇筑前按照混凝土施工缝的要求进行处理，回填的混凝土要仔细振捣密实，电缆牵引严格按规范及设计图纸要求进行。

2. 基岩与混凝土交界面的测缝计的安装及保护

（1）基岩与混凝土交界面的测缝计的安装。测缝计埋设在混凝土与基岩接触面时，可在基岩面上打孔埋设套筒，孔径大于 90mm、深度为 50cm；当岩体有节理存在时，孔深视节理发育程度而定，一般大于 1.0m；在孔内填入一大半膨胀水泥砂浆，将套筒或带有加长杆的套筒挤入孔中，使筒口与孔口平齐。在套筒中填上泡沫或棉纱，螺纹口涂上机油或黄油，并旋上筒盖保护，防止水泥浆进入；在混凝土浇筑时打开套筒盖，取出堵塞物，旋上测缝计，并在坑内回填混凝土，回填的混凝土振捣密实，埋入式测缝计的具体安装方式如下：

1）当露出套筒底座后，拉套筒底塞上的螺栓将底塞取出。此时，套筒底座内将彻底清理干净并涂抹一层黄油。

2）拧下测缝计靠近电缆端法兰盘部位的密封通气螺丝。

3）保证连接头的定位销销钉落入传感器塑料保护管的定位槽内。

4）在传感器连接器的丝扣上抹少许螺纹锁固剂，把传感器推进套筒底座直至不动。在施加向孔内压力的同时，顺时针方向旋转传感器直到接头稳妥地拧紧在套筒底座内的丝扣中。

5）下一步是把传感器固定就位以便浇筑混凝土，此时将测量传感器读数并进行调整。对于埋入式测缝计，通常是监测结构施工缝的开度变化，此时将参照率定表，轻拉传感器部分，使传感器读数在量程的 25%～30%，如果结构将产生压缩变形，可将传感器读数调整至 70%～80%。应切记：把传感器从套筒底座中拉出后不能再进行扭转，以免损坏传感器。（如果传感器需要从套筒底座中卸下来，安装前禁止使用螺纹锁固剂，按压传感器体保证定位销卡在定位槽中，逆时针旋转直到卸下。）

6）将密封螺丝重新安装在传感器端部法兰盘上。

7）使用胶带缠绕固定底座与测缝计保护外壳，防止仪器主体回缩。

埋入式测缝计的实物图及典型安装图如图 7.2 所示。

图 7.2　埋入式测缝计的实物图及典型安装图

（2）基岩与混凝土交界面的测缝计的保护。混凝土浇筑时仪器周围振捣将有专人负责，可采用小型振捣器或人工捣实，严禁接触仪器和钢筋振捣，以免造成仪器位移和损坏，若有条件，可在传感器周边做支架保护，电缆牵引严格按规范及设计图纸要求进行。

7.2.3　测斜管的安装及保护

1. 连续墙内预埋的测斜管的安装及保护

（1）连续墙内预埋的测斜管的安装。测斜管管底高程控制在连续墙墙底高程以上 0.5m。在连续墙钢筋笼安装前，把数节测斜管在平地上拼装连接，在每个管接头处须作严格的密封处理，将组装好的测斜管小心插到加工好的钢筋笼中，调整好槽口方向后用铁丝绑扎，每 1m 扎一道，逐节连接好，再次检查接头密封是否有损。绑扎牢固后装好底盖和孔口盖，底盖也须用粘胶带密封。吊装钢筋笼时要小心轻放。钢筋笼在就位前，要调整其位置将测斜管端口"十"字导槽方位正对隧洞轴线的方向。在混凝土浇筑前将测斜管内注满清水后盖上顶盖，浇筑混凝土时要有专人在现场看守。混凝土初凝后打开孔口盖，用软质水管插入孔底，用压力水冲洗测斜管内，直到翻出清水为止，并对测斜管管口作好保护。测斜管倾斜度允许偏差为 ±0.5°；测斜管上端口导槽正对隧洞中心线允许偏差为 ±1°；测斜管导槽扭角允许偏差为 ±0.2°/m，累计的允许偏差限值为 ±15°。测斜仪的系统精度不低于 0.25mm/m，分辨率不低于 0.02mm/500mm。

（2）连续墙内预埋的测斜管的保护。安装至观测高程时测斜管留出 50cm 长度，以便建造孔口保护装置；完成测斜管安装埋设后，及时修建测斜管孔口保护装置，并做好监测仪器的醒目标志提示，避免施工不当造成仪器的损坏。

2. 其他部位测斜管的安装及保护

（1）其他部位测斜管的安装。测斜管的埋设一般采用岩芯钻钻孔埋设，条件许可时也可以利用原有的地质勘探孔埋设（图 7.3）。采用钻孔方法埋设时，要求钻孔孔径为 110mm，钻孔铅直度偏差不大于±1°，并作简要的地质素描和记录。钻孔要求通畅，孔壁光滑。若钻孔孔口附近岩石较破碎，将考虑加钻孔护套管施工。测斜管连接接头段用土工膜包扎缠紧，以防止砂浆渗入管内。将测斜管内的其中一对导槽方向对准所测位移的方向，允许偏差为±1。根据规范或设计要求进行灌浆或者回填，灌浆材料采用 M15 水泥砂浆。待水泥砂浆初凝后，采用活动测斜仪进行初始值测量，确定测斜管的初始位置；采用测扭仪进行导槽扭转角的测量，为测斜仪观测值提供必要的修正参数。测斜管倾斜度允许偏差为±0.5°；测斜管导槽扭角允许偏差为±0.2°/m，累计的允许偏差限值为±15°。测斜仪的系统精度不低于 0.25mm/m，分辨率不低 0.02mm/500mm。

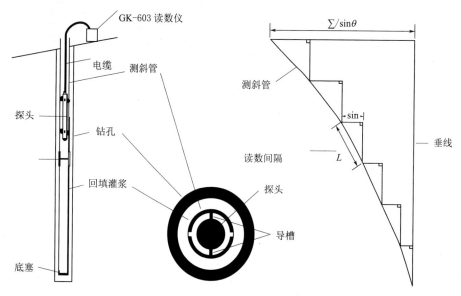

图 7.3　钻孔测斜仪安装埋设图

（2）其他部位测斜管的保护。安装至观测高程时测斜管留出 50cm 长度，以便建造孔口保护装置；完成测斜管安装埋设后，及时修建测斜管孔口保护装置，并做好监测仪器的醒目标志提示，避免施工不当造成仪器的损坏。

7.2.4　双金属标的安装及保护

1. 双金属标的安装

（1）钢管和铝管需要提前锚固在基岩上，等径型安装方式中：①钢管的直径范围：φ40～60mm；壁厚不小于 5mm；②铝管的直径范围：φ40～60mm；壁厚不小于 8mm（图 7.4）。

等径型安装时，钢管和铝管的外部安装一个保护管，为保证钢管和铝管在径向不晃动，可在钢管和铝管的外部加装橡胶垫（厚度 25mm）制作的支撑环；安装方法如下：

1）保护管采用 $\phi 168$、管壁 6mm 厚的无缝钢管。保护管（套管）每隔 3～8m 焊接 4 个大小不同的 U 形钢筋，组成断面的扶正环。

2）保护管保持平直，底部加以焊封。保护管采用丝口连接，接头处将精细加工，保证连接后整个保护管的平直度，安装保护管时全部丝口连接缝用防渗漏材料密封。

3）下保护管前，在钻孔底部先放入水泥砂浆（高于孔底约 1.0m）。保护管下到孔底后略提高，不提出水泥砂浆面，并用钻机或千斤顶进行固定。

4）然后准确测定保护管的偏斜值，若偏斜过大，则加以调整，直到满足设计要求，方用水泥砂浆固结。待水泥砂浆凝固后，拆除固定保护管的钻机或千斤顶。

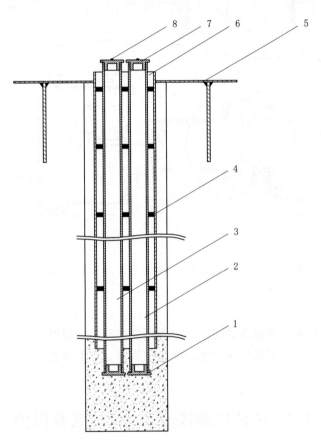

图 7.4 双金属管标结构示意图

1—管底垫座；2—钢管部件；3—铝管部件；4—隔离橡胶环
5—安装底板；6—钢保护管；7—顶部管口盖；8—管标

（2）将卡具（等径型）分别用 M12×40 的螺栓螺母固定到铝管和钢管的外部，拧紧；按照生产厂家说明书高度要求调整两个卡具之间的距离。

（3）将双标仪测量组件（图 7.5）用 M8 膨胀螺栓固定到安装台上。

（4）将标杆插入到双标仪测量组件的长形孔内，并用 M3 防松螺母固定到卡具上拧

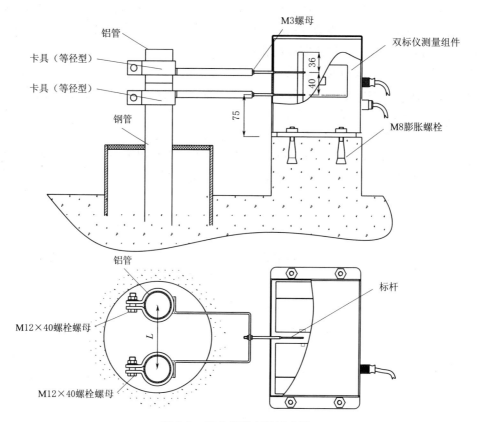

图 7.5　双金属仪安装示意图

紧，保证双标杆平行并在同一个竖直面内，调整上下两个标杆的距离。

（5）连接电源线和其他信号线。

2. 双金属标的保护

双金属标安装后要注意设备的防尘，以免污染内部光学仪器，现场可根据双金属标仪的尺寸，在外部设置防尘不锈钢保护罩或喷塑钢板罩，电缆牵引严格按规范及设计图纸要求进行。

7.3　渗流监测仪器设备的安装及保护

7.3.1　量水堰的安装及保护

1. 量水堰计的安装

设置一个静止观测井（带隔栅的防污管，如图 7.6 所示），静止观测井将装在水流相对平静区域内的铅垂位置，并以水位在浮筒所在位置上就位，安装方法如下（图 7.7）。

（1）挖仪器埋设坑，该坑的深度与堰槽深度相当。

（2）引水管与埋设坑内仪器连接。

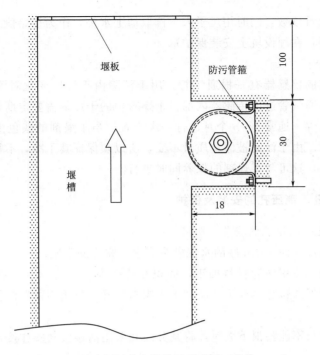

图 7.6 量水堰计的安装位置示意图（单位：cm）

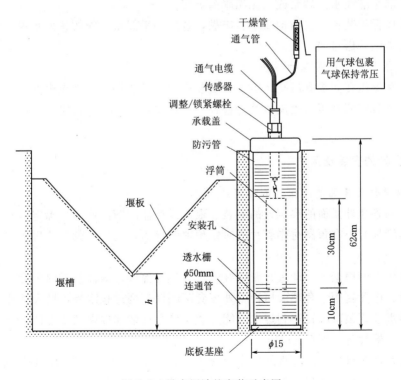

图 7.7 量水堰计的安装示意图

（3）读数仪测量读数，同时用尺子人工读取堰上水头，作为初始值。

（4）调试完毕，在埋设坑上安装保护罩。

2. 量水堰的保护

量水堰计系统的传感器有一根通气管，用于消除由于气压变化对测量读数造成的影响。为防止潮气沿通气管进入传感器内部，干燥管中的干燥剂需要定期检查更换。更换的频率取决于气候条件，通常 3～6 个月进行一次检查，当干燥剂的颜色由蓝色变为粉红色则表示应该更换了。由于浮筒被假定质量不变，所以须保证其干净，不得形成结垢、滋生藻类。需定期检查，这可与干燥剂的保养同时进行。

7.3.2　地下水位孔、测压孔的安装及保护

1. 地下水位孔、测压孔的安装

（1）在钻孔底部灌注 15cm 厚的水泥砂浆或水泥膨胀润土浆。

（2）观测管透水段用导管材料加工，面积开孔率为 10％～20％，孔眼排列均匀，内壁无毛刺，透水段外须包扎不少于 2 层的土工织布，管底封闭不留沉淀管段，透水段为孔深的 1/2～2/3。

（3）观测管太长不能整根下放时，将其分段并采用活接头丝扣连接，丝扣处须填入生胶带止水。

（4）透水段先填入 10～25mm 砂砾石，再填入 20cm 厚的细砂。

（5）上部全灌注水泥砂浆或水泥膨胀润土浆。

（6）孔口保护装置要求结构简单、牢靠，各接头不漏水，能防止外水内渗和人工及机械破坏，能锁闭开启自如。

2. 地下水位孔、测压孔的保护

水位孔和测压孔如是有压孔，需及时安装压力表，要保持压力表表面干净，方便人工观测读数，每月定期对压力表灵敏进行检查。每年要对压力表进行定期年检，保证压力表的精准性。

7.3.3　渗压计的安装及保护

1. 衬砌管片外弧面的渗压计的安装及保护

（1）衬砌管片外弧面的渗压计的安装。根据设计监测断面位置，确定拟安装管片并编号。在预制管片时，在预制衬砌管片的时候预埋钢套筒，用于衬砌管片拼接完成后安装渗压计。

在管片预制前根据渗压计尺寸制作好渗压计安装部件，部件包括内牙套、外牙套及蜂窝透水顶管。内牙套用于套装渗压计；外牙套两端设有两道止水板，增大管片外侧渗水渗径；蜂窝透水顶管预留小孔达到透水功能。渗压计和安装部件在满足设计要求的情况下选取小尺寸的仪器设备（图 7.8）。

在管片预制时将带有止水板的外牙套安装在管片混凝土中，其长度与管片厚度相同，使管片形成内外通道，管片外弧面出口处用薄塑料片临时封盖。

将仪器测头放在清水中浸泡 2h 以上，使其充分饱和，排除透水石中的气泡。

图 7.8   渗压计实物图及典型安装图

在管片拼接就位而未进入墩尾油脂腔内时，将已接好传感器及透水顶管的内牙套旋入预埋好的外牙套中，使透水顶管的顶部略低于管片外弧面。当管片脱离出最后一道盾尾刷后，旋转内牙套，使透水顶管刺破临时封盖的薄塑料片。继续旋转内牙套，使渗压计进入到距管片环外表面20cm的外部地层中，确保传感器安全且能正常工作。

（2）衬砌管片外弧面的渗压计的保护。渗压计安装完成后对外牙套采用预制管片同匹配的混凝土进行回填，将仔细振捣密实并做好止水措施，防止管片外侧水进入盾构管片内，电缆牵引严格按规范及设计图纸要求进行。

2. 其他部位的渗压计的安装及保护

（1）其他部位的渗压计的安装。

1）取下仪器端部的透水面，在钢膜片上涂一层黄油或凡士林以防生锈。

2）安装前需将仪器在水中浸泡2h以上，使其达到饱和状态。

3）在测头上包上装有干净的饱和细砂的沙袋，使仪器进水口通畅，并防止水泥浆进入渗压计内部。

4）根据现场情况连接好电缆；将包有沙袋的仪器埋入预先完成的测压管内（或界面上），并按照规范或设计要求回填钻孔。

（2）其他部位的渗压计的保护。渗压计放入测压管后，将注意保护孔口，需选择成套的孔口保护装置，注意测压管孔口和其他接口部位的密封性，禁止孔口和连接部位有漏水情况，电缆牵引严格按规范要求进行。

7.4   应力应变监测仪器设备的安装及保护

7.4.1   土压力计的安装及保护

1. 衬砌管片外弧面的土压力计的安装及保护

（1）衬砌管片外弧面的土压力计的安装。根据设计监测断面位置，确定拟安装管片并编号。在预制管片时，在管片外弧面预埋土压力计或预埋土压力安装盒，振弦式土压力计如图 7.9 所示，光纤光缆式土压力计如图 7.10 所示。在管片拼接前把管片内弧面的土压力计安装在土压力安装盒内。在管片内预埋线缆保护盒，沿管片厚度方向保护盒的高度不宜大于 5cm，用于保护安装在管片内仪器的尾缆。

图 7.9　振弦式土压力计实物图及典型安装图

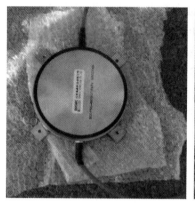

图 7.10　光纤光栅式土压力计实物图及典型安装图

（2）衬砌管片外弧面的土压力计的保护。管片外侧的仪器线缆将沿钢筋用尼龙扎线绑扎好引至管片内弧面的保护盒中保护好，避免管片混凝土倒实振动时损坏线缆，电缆牵引严格按规范及设计图纸要求进行。

2. 地下连续墙的土压力计的安装及保护

（1）地下连续墙的土压力计的安装。土压力埋设时采用配套的土压力计埋设器，将埋设器主杆焊牢在钢筋笼上，把土压力计用胶布固定在托盘上，钢丝绳和线缆引至钢筋笼顶部系牢。

待钢筋笼入槽就位后，将钢丝绳拉紧，土压力计变形膜即可与槽壁贴牢。在拉紧钢丝绳前后用仪器观测土压力计压力值变化情况，以控制土压力计与槽壁地贴紧程度。伸缩杆行程可达 20cm，只要槽壁无较大坍孔，这一行程是可以保证土压力计变形膜与槽壁紧密相贴的。

（2）地下连续墙的土压力计的保护。为保护传感器不致损坏，可先在土压力计受力面敷设薄层环氧砂浆，防止下方钢筋笼后大骨料直接压在土压力受力面，形成点荷载受力，电缆牵引严格按规范及设计图纸要求进行。

3. 其他部位土压力计的安装及保护

（1）其他部位土压力计的安装。坑埋。根据填方材料的不同，在填方高程超过埋设高程为 1~1.5m 时，在埋设位置挖坑至埋设高程，坑底面积约 1m² 。在坑底制备基面，仪器就位后，将开挖的土石料（筛除粒径大于 5mm 的碎石）分层回填压实。对于水平方向埋设的土压力计，按要求方向在坑底挖槽埋设，槽宽为 2~3 倍仪器厚度，槽深为仪器半径。回填要求与非坑埋的相同。

土压力计埋设的安全覆盖厚度：①在黏性土填方中不小于 1.2m；②在堆石填方中不小于 1.5m。

（2）其他部位土压力计的保护。这种安装方式，回填时将遵循先填细料，后填粗料，分层回填压实，确保土压力计均匀受力，防止损坏土压力传感器，电缆牵引严格按规范及设计图纸要求进行。

7.4.2 钢筋计的安装及保护

1. 混凝土盾构衬砌管片内钢筋计的安装及保护

（1）混凝土盾构衬砌管片内钢筋计的安装。根据设计监测断面位置，确定拟安装管片并编号。在管片混凝土浇筑前，将钢筋计焊接于管片中部设计指定钢筋的环向主筋上，钢筋计与钢筋保持在同一轴线上。

钢筋计的焊接采用对焊、坡口焊或熔槽焊，焊接时及焊接后，在仪器部位浇水冷却，使仪器温度不超过 60℃，但不得在焊缝处浇水。

在钢筋笼内设置线缆保护措施，确保管片浇筑不会破坏线缆。

钢筋计分振弦式和光纤光栅式，如图 7.11 和图 7.12 所示。

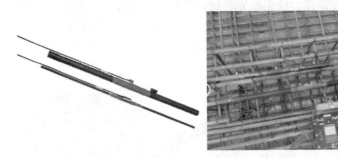

图 7.11 振弦式钢筋计实物图及典型安装图

图 7.12 光纤光栅式钢筋计实物图及典型安装图

（2）混凝土盾构衬砌管片内钢筋计的保护。焊接好的钢筋计可以用土工布或其他软质材料对钢筋计的中部及线缆加以保护，防止在浇筑过程损坏钢筋计核心部位及线缆，电缆牵引严格按规范及设计图纸要求进行。

图 7.13 其他部位钢筋计
安装示意图

2. 其他部位钢筋计的安装及保护

（1）其他部位钢筋计的安装。钢筋计焊接在同一直径的受力钢筋并保持在同一轴线上，受力钢筋的绑扎接头距仪器 1.5m 以上（图 7.13）。

钢筋计的焊接采用对焊、坡口焊或熔槽焊，焊接时及焊接后，在仪器部位浇水冷却，使仪器温度不超过 60℃，但不得在焊缝处浇水。

混凝土浇筑前后，将制定切实可行的措施，保护好仪器和电缆。

（2）其他部位钢筋计的保护。焊接好的钢筋计可以用土工布或其他软质材料对钢筋计的中部及线缆加以保护，防止在浇筑过程的损坏钢筋计核心部位及线缆，电缆牵引严格按规范及设计图纸要求进行。

7.4.3 螺栓应力计的安装及保护

1. 螺栓应力计的安装

根据设计监测断面位置，确定拟安装螺栓并编号。在螺栓安装前，在螺栓表面平行于螺栓轴线刻一条凹槽，凹槽的截面尺寸为 $\phi3$。凹槽内部需要打磨光滑，凹槽内部厚度和宽度一致，用酒精擦拭干净凹槽内部，凹槽内部无污渍、锈斑等（图 7.14）。

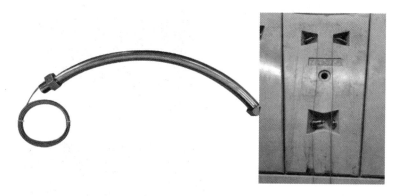

图 7.14 螺栓应力计实物图和安装示意图

2. 螺栓应力计的保护

螺栓应力计先预拉 100～200pm 再粘贴于螺栓凹槽长度方向的中间部位，采用环氧树脂胶涂抹螺栓应力计并将其完全覆盖进行保护，不可涂抹过厚。

为了防止管片外二衬浇筑时浆液破坏传感器引线，所有传感器安装完成后采用 U 形盖板覆盖，然后接入通讯光缆，同时通信光缆采用 U 形盖板覆盖保护，电缆牵引严格按规范及设计图纸要求进行。

7.4.4 应变计的安装及保护

1. 应变计的安装

应变计埋设时要保证传感器的方向，角度误差不超过2°。人工回填周围的混凝土和浇筑的混凝土过程时，要不断监测仪器变化，掌握仪器经受强烈振动后的工作状态。若发现仪器在埋设过程中损坏，将立即重新埋设并适当修改埋设方案。

将仪器直接浇筑到结构中时，安装期间须避免对两个端块施加过大的力，可用读数仪监测读数变化，如果读数超过允许范围，将停止浇筑，并做相应调整可用绑扎丝直接将仪器绑扎到仪器的保护管上就位。绑扎丝不能捆得太紧，因为钢筋和电缆在混凝土填筑和振捣过程中可能会产生移动，因而影响到传感器。浇注过程中必须避免由于振捣而损坏仪器和电缆，在仪器半径1m范围内禁止用机械振捣器振捣而采用人工振捣。如有把握保证仪器放置后定位正确，也可以将仪器直接放入混合料中。

（1）在如图7.15所示的两位置（捆扎点附近）用一层自硫化橡胶带缠绕包裹，该橡胶层起振动缓冲作用，以缓冲悬挂系统的任何振动。有时候如果没有橡胶层，由于绑扎丝绑得太紧，绑扎丝的共振频率会干扰仪器谐振频率，这将导致读数不稳或根本没有读数。然而一旦在混凝土浇筑后，这些影响将会消除。

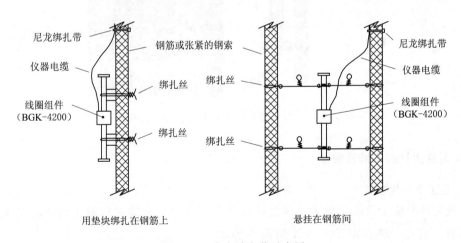

图 7.15 应变计安装示意图

（2）选一定长度的绑扎丝，通常用捆绑钢筋网的扎丝，缠绕应变计本体两圈，注意橡胶带各离仪器两端约3cm。

应变计分为振弦式和光纤光栅式，典型安装图如图7.16和图7.17所示。

2. 应变计的保护

在仪器半径1m范围内禁止用机械振捣器振捣而采用人工振捣，线缆将沿钢筋敷设并穿管保护，电缆牵引严格按规范及设计图纸要求进行。

图 7.16　振弦式埋入式应变计实物图及典型安装图

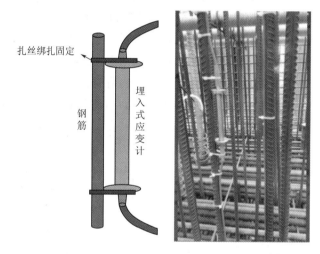

图 7.17　光纤光栅式埋入式应变计典型安装图

7.4.5　无应力计的安装及保护

1. 无应力计的安装

无应力计与应变计配套布置，埋设过程参照应变计。安装时保持无应力计筒大口朝上，筒轴线垂直，然后在无应力计筒内填满相应应变计组附近的混凝土（去掉大于 8cm 的骨料），人工用插钎轻轻捣实，在其上部覆盖混凝土时不得在振动半径范围内强力振捣，回填层厚不小于30cm（图 7.18、图 7.19）。

2. 无应力计的保护

在仪器半径 1m 范围内禁止用机械振捣器振捣而采用人工振捣，线缆将沿钢筋敷设并穿管保护，电缆牵引严格按规范及设计图纸要求进行。

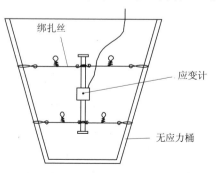

图 7.18　无应力计的安装示意图

图 7.19 无应力筒实物图及典型安装图

7.4.6 钢板应力计的安装及保护

1. 钢板应力计的安装

（1）对钢件表面进行打磨、除锈、除油渍、清洁及无腐蚀处理，标出应变计安装的准确位置。

（2）通过对点焊试验片进行试焊，可大致确定点焊机的输出能量和力。开始焊装时可将初始输出值定为：能量，25W·s；力，3～4磅。每次调整一个参数，增加力或增加能量直至焊接时无金属冒出，若产生过热变色，可增加力或降低能量以减少焊接热量。若产生过大变形，可减小力和（或）能量。

（3）焊装钢板应力计，正常情况下焊点处呈现轻微光滑的凹陷变型。如焊点处出现过度变色或金属冒出，则表明焊接强度不够。开始焊装时，在应变计管中点的两侧各焊一个点，以使应变计定位。在上述点焊过程中，务必将焊点与应变计管用绝缘片隔开，以避免损坏应变计管。在应变计的两侧从中部向两端轮流增加焊点，焊点间距应为2.5mm。

（4）在应变感应器安装前，对应变计和焊点进行防腐绝缘处理，但不要在绑带焊接处涂防腐剂。采用防水复合剂对结构件进行防腐保护。

（5）在防水层凝固前，有必要把振荡线圈盒安在应变计上，不要使用过多的防水复合剂。不要让防水复合剂进入应变计保护管，以不阻碍其对于两端钢端块的自由变形为准。

钢板应力计分为振弦式和光纤光栅式，典型安装图如图7.20和图7.21所示。

图 7.20 振弦式钢板应力计实物图及典型安装图

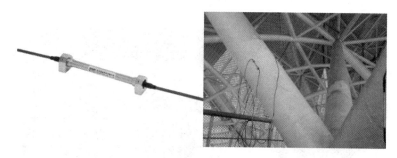

图 7.21　光纤光栅式钢板应力计实物图及典型安装图

2. 钢板应力计的保护

应变计安装完成后，对传感器加以保护，现场可定做不锈钢保护罩，以防传感器在风吹日晒条件下的老化，传感器引出的电缆或光缆用专用保护管加以保护，电缆牵引严格按规范及设计图纸要求进行。

7.4.7　锚索测力计的安装及保护

1. 锚索测力计的安装

锚索测力计安装在钢绞线靠近端头的位置，准备好安装锚具和张拉机具，并对测力计的位置进行校验，校验合格后进行预紧。测力计安装就位，加荷张拉前，准确测量其初始值和环境温度，连续测 3 次，当 3 次读数的最大值与最小值之差小于 1‰ F·S 时，取其平均值作为观测的基准值。基准值确定后，按设计技术要求分级加荷张拉，逐级进行张拉观测：每级荷载测读一次，对最后一级荷载进行稳定监测。每 5min 测读一次，连续测读 3 次，最大值与最小值之差小于 1‰ F·S 时则认为已处于稳定状态。张拉荷载稳定后，及时测读锁定荷载；张拉纯束后根据有教变化速率确定观测时间隔，最后进行锁定后的稳定监测。对锚索调力计及其电缆进行保护。

锚索测力计在安装过程中轻拿轻放，避免碰撞或跌落。

锚索测力计安装前，除应符合相关规范外，保证锚索计安装基面与钻孔方向的垂直十分必要。将检查锚垫板与锚束张拉孔的中心轴线是否相互垂直，允许的垂直偏差范围是 ±1.5°。任何超过该偏差范围的安装将会导致锚索测力计在锚束张拉过程中在垫板上产生滑移、测值偏小或测值失真。

在可能的情况下，锚索测力计对中，以避免过大的偏心荷载。锚索测力计承载筒上下面可设置承载垫板保证平整结合以便荷载均匀传递，承载垫板将经平整加工，不得有焊疤、焊渣及其他异物，有关承载垫板可在订货时选装。

配套的锚索测力计将置于锚板和锚垫板之间，并尽可能保持三者同轴。图 7.22 是典型的安装方式，图 7.23 是安装在有弯曲段锚索孔（如预应力闸墩）的情况，但靠近测力计端的孔口段（至少 1.5m 长度）应保证与锚垫板相互垂直，即靠近锚索计的一端为直管段。锚索测力计偏斜孔的纠偏处理方法：在锚垫板与安装孔有较大的垂直偏差时，可在锚索计与锚索计与锚垫板之间增加楔形垫板（自备），其楔形的角度与垂直偏差角度相同，中间的孔径与锚垫板相同，同时在垫板上开槽可避免楔形垫板在张拉的过程中产生滑移，注意楔形垫板的最薄端的厚度至少为20mm，以保持足够的强度。

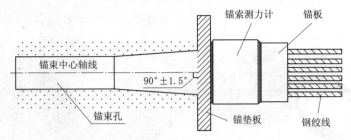

图 7.22　锚索测力计的典型安装示意图

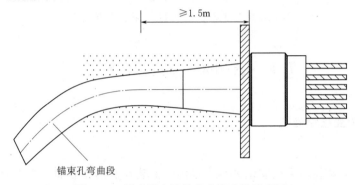

图 7.23　锚索测力计的弯曲孔安装示意图

加载时宜对钢绞线采用整束、分级张拉，以使锚索计受力均匀。不推荐单根张拉的加载方式，因单根张拉后的实际荷载往往比预期的要小，同时会产生一定的偏心荷载。

加载时，将在荷载稳定后读数。

锚索测力计分为振弦式和光纤光栅式，典型安装图如图7.24和图7.25所示。

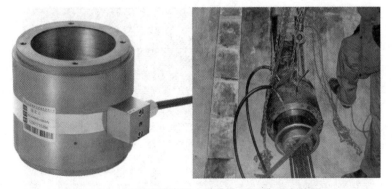

图 7.24　振弦式锚索测力计实物图及典型安装图

2. 锚索测力计的保护

光纤光栅式锚索计在安装时将保护其不锈钢外皮，防止在张拉过程中或其他焊接操作时损坏不锈钢外皮，锚索测力计的线缆或光缆将穿管加以防护，电缆牵引严格按规范及设计图纸要求进行。

图 7.25　光纤光栅式锚索测力计实物图及典型安装图

7.5　感测光缆的安装及保护

7.5.1　定点式应变感测光缆

1. 安装工艺

定点光缆定点安装均采用固定夹具直接固定安装在监测体表面，夹具固定安装在定点光缆的定点处，每个定点位置配套专用夹具。

定点光缆水平预拉伸采，人为控制拉伸保持不动，快速安装固定夹具，向后移动拉伸、安装下一点，以此类推安装所有定点。

2. 保护方法

轴向和环向变形应变感测光缆与引线光缆全线采用 U 形槽覆盖，连接部分光缆套高强钢丝软管保护，如图 7.26 所示。

图 7.26　光缆保护现场图

7.5.2 碳纤维复合基应变感测光缆

1. 安装工艺

（1）确定布设线路。根据传感光纤的受力特点，要确保所铺设的传感光纤与监测的受力方向一致。线用墨斗弹出，同时，预留碳纤维复合基光缆顶底端熔接和保护的长度（图7.27）。

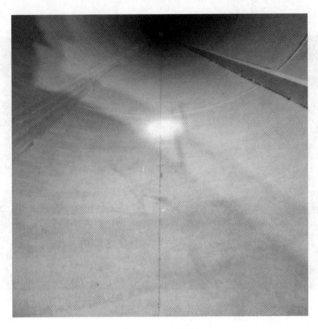

图 7.27　定线

（2）打磨。钢结构桩露置在空气中表面会生成红褐色铁锈，铁锈具有疏松结构，直接将光纤铺设在其上将对监测结果产生较大影响，通过打磨可以有效去除铁锈，使传感光纤更好地与钢结构表面黏结，打磨宽度为10cm（图7.28）。

图 7.28　打磨

（3）除尘。在打磨过程中会产生铁锈，以及人员走动等产生的碎屑，会影响光缆布设"全面粘贴"时的粘贴效果。因此需要对打磨光滑线路面进行清扫除尘。除尘完毕后，使用酒精清洗光滑线路，避免一些油污影响布设。

（4）全面粘贴。在整条线上刷一次胶水，确保整条线路中浸渍胶完全浸入碳纤维中，以达到对感测光缆最好的保护效果。最后，铺贴一层铝箔胶带作为防火隔热保护（图 7.29）。

图 7.29　全面粘贴

2. 保护方法

碳纤维复合基应变感测光缆主要为布设完成后的出线保护，光缆引线先串 5mm 铠装空管，再用钢丝软管保护（图 7.30）。

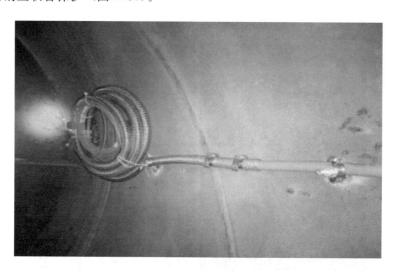

图 7.30　引线保护

7.6 监测仪器线缆的安装及保护

7.6.1 一般规定

（1）管片内的传感器光（电）缆沿着钢筋走线，用尼龙扎线每隔 0.5m 绑扎好，必要时重点部位采用胶粘型式固定，避免用铁丝绑扎线固定光（电）缆。做好仪器尾缆足够长无接头引至管片内弧面的孔洞中保护好，并将足够长的仪器尾纤一次性接入分路器，光缆接续在分路器中完成，以保证耐水耐压要求。光缆转弯将不小于最小转弯半径要求。

（2）监测仪器电缆将采用专用屏蔽电缆接长，光纤光栅传感器尾纤或分布式光缆采用专用通讯光纤接长，光纤光栅传感器或分布式光缆采用双回路连接接入各自对应的采集装置（FBG 解调仪），并控制接头数量、熔接环境和曲率半径。

（3）光缆连接时，涉及频繁的熔接作业，接头性能（损耗大小）直接影响测量距离、精度等，因此将由专业人员操作，保证连接处无弯折、扭曲等现象，并加强熔接机的维护保养。

（4）在监测仪器尾缆敷设过程中，将采用振弦式读数仪或便携式解调仪随时监视尾缆敷设质量，遇强烈弯曲点或缺陷点及时处理。

（5）监测仪器线缆或分布式光缆敷设，将按施工详图中线缆线路进行引线，并根据现场施工的实际需要对线缆线路进行适当的调整，结合施工现场具体情况进行临时性敷设，在具备永久线缆敷设条件后将尽快按永久线缆要求敷设并引至相应测站，接入 MCU、光纤光栅解调仪或光纤应变/温度分析仪进行观测。

（6）线缆引线保持一定的松弛度，切忌超强拉伸，以免造成线缆芯线损伤或损坏。

（7）监测仪器至测站的线缆尽可能少用接头。只有经监理人批准后，才能对供应的线缆进行连接或切断。线缆的连接和测试将按规范实施。在监测仪器引线进行必要的连接、套接和安放后，回填或埋入混凝土中之前，立即对监测仪器引线进行测试。仪器线缆也将进行通电测试。

（8）在施工过程中，对仪器安装完成后的仪器尾缆、预安装的线缆仪器设备制定切实可行的保护措施。

（9）监测仪器线缆或分布式光缆采用耐压 1.5MPa 的保护管，隧洞内沿环向一般采用 PVC 管或不锈钢 U 形槽，沿隧洞纵向一般采用钢管或不锈钢 U 形槽，隧洞外地表一般采用钢管。保护管管径可具体根据其相应线缆线路汇集电缆、光纤的根数和直径确定，以穿管引线施工方便为宜。保护管工程量以实际发生计。

（10）有防雷要求的地方，要妥善做好钢套管的接地装置，接地电阻等应达到规范要求。

（11）线缆埋设完成后，将及时提供实际线缆走线图。

7.6.2　电缆的连接及保护

1. 电缆的连接

仪器电缆在仪器埋设点附近要预留一定的富余长度。电缆牵引方向将垂直或平行于混凝土面埋设。监测仪器至监测站的电缆将尽可能少用接头。只有经监理人批准后，才能对供应的电缆进行连接或切断。

（1）根据监测设计和现场情况准备仪器的加长电缆。

（2）按照规范的要求剥制电缆头，去除芯线铜丝氧化物。

（3）连接时保持各芯线长度一致，并使各芯线接头错开，采用锡和松香焊接，检查芯线的连接质量。

（4）芯线搭接部位用黄蜡绸、电工绝缘胶布和橡胶带包裹，电缆外套与橡胶带连接处将锉毛并涂补胎胶水，外层用橡胶带包扎，直径大于硫化器钢模槽 2mm。

（5）接头硫化时必须严格控制温度，硫化器预热至 100℃ 后放入接头，升温到 155～160℃，保持 15min 后，关闭电源，自然冷却到 80℃ 后脱模。

（6）硫化接头在 0.1～0.15MPa 气压下试验时不漏气，在 1.0MPa 压力水中的绝缘电阻大于 50Ω。

（7）接头硫化前后测量、记录电缆芯线电阻、仪器电阻比和电阻。

（8）在电缆测量端芯线进行搪锡，并用石蜡封。

（9）振弦式仪器的电缆要采用屏蔽电缆或胶质电缆，仪器电缆连接方法参见供货厂家说明书。

2. 电缆的保护

线缆将穿管保护（图 7.31），可根据线缆束的数量选择合适管径的保护管加以保护。

图 7.31　电缆引线保护

线缆跨施工缝或结构缝布置时，将采用穿管过缝的保护措施，防止由于缝面张开或剪

切变形而拉断线缆,具体要求如下:

(1) 线缆跨缝保护管直径将足够大(为线缆束直径的 1.5～2.0 倍),使得电缆在管内可以松弛放置。

(2) 线缆将用布条包扎,其包扎长度将延伸至保护管外,管口用涂有黄油的棉纱或麻丝封口。

(3) 跨缝管段留有伸缩管,以免因保护管伸缩而造成局部混凝土开裂。

(4) 当线缆从先浇块引至后浇块而过缝时将采用预埋线缆储存盒的方法过缝,盒内线缆段用布条包扎并松弛放置。还要采取措施防止水泥浆流入盒内。

7.6.3 光纤通讯线缆的敷设及保护

1. 光纤线缆的敷设

(1) 光纤的连接。光纤接续将遵循的原则:芯数相等时,要同束管内的对应色光纤对接;芯数不同时,按顺序先接芯数大的,再接芯数小的。

光纤接续(熔接法)的步骤如下:

1) 开剥光纤。注意不要伤到束管,开剥长度约 1m,用卫生纸将油膏擦拭干净,将光纤穿入并固定到接线盒内。固定时一定要压紧,不能有松动,否则有可能造成光纤扭曲、折断纤芯。严禁眼睛正对此端口,以免对眼睛造成伤害。在光纤与主机不连接时,请盖住光纤插座和测温光纤插头,以免灰尘污染或意外损伤;切勿用手或其他物体碰刮光纤插头的端面。

2) 分纤。将不同束管、不同颜色的光纤分开,穿过热缩管。剥去涂覆层的光纤很脆弱,使用热缩管可以保护光纤熔接头。

3) 制作光纤端面。光纤端面制作的好坏将直接影响接续质量,所以在熔接前一定要做好合格的端面。先用专用的剥线钳剥去涂覆层;再用沾酒精的无纺布在裸纤上擦拭几次,要适度用力,以防拉断光纤;然后用精密光纤切割刀切割光纤,切割长度根据光纤和热缩管的种类确定。

4) 放置光纤。将光纤放在熔接机的 V 形槽中,小心压上光纤压板和光纤夹具,要保证光纤顺直,光纤端部接近电极但不能超过中线,关上防风罩,按熔接机说明书指示,选择合适的程序,完成放电熔接,通常需要 5～10s。光纤接头熔接损耗不大于 0.2dB,单测线整体损耗不大于 20dB。

5) 打开防风罩,小心取出光纤,再将热缩管放在裸纤中心,放到加热槽中加热。注意,根据使用的热缩管长度和直径选择适当的加热程序,防止过热导致热缩管变形。

6) 盘纤固定。将接续好的光纤盘到光纤收容盘上,在盘纤时,盘圈的半径越大,弧度越大,整个线路的损耗越小,所以一定要保持一定的半径,尽量减少激光在纤芯里传输时的损耗。尤其是对热 1 缩管,要加以固定和保护。

7) 光缆内光纤长期遭受潮气或水侵蚀时,将引起光纤传输衰耗增大,寿命缩短。光缆内有防潮层、油膏或阻水带,但必须保证光缆外护套在施工、运营期间的完整性,尤其在光缆接头处一定要做到良好密封。

（2）敷设要求。

1）接长线缆将根据工程实际需要进行线路复测和合理配盘。

2）线缆在敷设施工中保证光缆外护套的完整性。

3）线缆敷设安装的最小曲率半径符合厂家规定。

4）线缆布放完毕后，在所有接头盒内和光纤配线架处针对每根光纤做好永久安装标牌。

5）在传感光纤或电缆走线的线路上，设置警告标志。如是埋入线，要对准其位置和范围设置明显标志，设专人对线路进行日常巡查。

2. 光纤线缆的保护

（1）根据现场情况和传感器安装说明书，确定传感器尾缆安装敷设位置和线路，在尾缆与接头盒、传输光缆的连接处、浇筑混凝土时，采用人工振捣。

（2）尾缆敷设在钢筋绑扎完成后、混凝土浇筑前完成。在管片内埋设一个线缆保护盒，用于保护预埋在管片内的传感器线缆接头。

（3）尾缆沿敷设方向保持平顺，用绑线与主筋固定，绑扎间隔 0.5～1.0m，复杂线路缩短固定间距。对重点部位、易损坏部位适当抹刷环氧树脂粘贴。

（4）在尾缆安装过程中，采用 OTDR 或便携式解调仪，随时监视尾缆敷设质量，遇强烈弯曲点或缺陷点及时处理。

（5）发现断线或强烈光损耗（大于 1dB）情况，立即组织排除故障。

（6）每段尾缆敷设完毕后，立即对其施工质量进行检查和检验，确认光路通畅，其质量合格后，方可进行相关工程项目的继续施工。

3. 传感器尾缆接入通讯光缆的连接及保护

光纤尾缆留有足够长，避免光纤熔接，降低光路光损，提高系统可靠性。

光纤光栅传感器之间的尾缆串联或并联的数量一般为 3 个，不宜多于 4 个，并且串联或并联的传感器波长不能重叠，传感器尾缆接入通讯光缆的接头处将采用接头保护盒保护。传感尾纤和通信光缆将顺着保护管进入接头保护盒保护，接头盒出入口设置橡胶止水环，光缆布置井然有序，接头保护盒内将放入袋装防潮剂和光纤接续责任卡，混凝土浇筑前对接头盒进行防水封盖。

接头保护盒将根据工程需要定制生产，耐水压性能技术要求、检验方法和检验规则按相关规范执行。

接头保护盒的尺寸应满足保护分路器和断面尾缆汇接的空间要求，光缆安放装置有顺序地存放光纤接头和足够长的余留光纤，余留光纤盘放的曲率半径不小于 30.0mm。

7.7　仪器成活率保证措施

仪器设施及电缆（光缆）在安装埋设过程及埋设后的保护工作是贯穿监测工程实施的关键。在竣工证书签发之前，对所装仪器进行监管和保护，如果所装仪器损坏或丢失，要无偿提供和安装替换仪器；对已建完的监测土建工程（观测站、观测墩、保护墩等）进行监管和维护，如有损毁、及时修复；监测仪器电缆在埋设引线过程中，复杂（关键）部位用 PVC 管或钢管进行保护，如遇交叉施工，派专人看护电缆，如有损毁、及时按照规范要求进行电缆连接。

7.7.1 现场埋设仪器的保护方法及措施

现场埋设仪器的保护方法及措施如下：

（1）仪器的选购阶段，开展广泛市场调研和性能比较，选用稳定性、耐久性和先进性最优的监测仪器设备。

（2）严格到货验收和检验率定，不合格的产品禁止使用。

（3）加强已埋监测仪器和电缆的施工期保护，尽量避免其遭到施工或人为破坏。

（4）制订并执行安全生产制度，在仪器埋设阶段，仪器的保护责任到人，确保仪器的安全。埋设完成后，经常进行巡视，及时发现问题，及时解决问题。

（5）每次进行周期观测时，均对相应的监测仪器的工作状态、灵敏度等进行检查，保证仪器处于正常的工作状态。

（6）若仪器被损坏，及时报告监理人员，并组织修复。

（7）仪器设备配备相应的保护设备，防止意外损坏。

（8）在仪器设备所在地，明确标明监测点名及严禁破坏的警示语。

（9）每月在月报中反映仪器的运行状况。

（10）加强宣传，加强沟通，使那些与监测工作发生交叉作业的作业人员提高保护仪器意识。

（11）加强施工期巡视与检查，对破坏或危及监测设施的行为立即制止，对发现的仪器或电缆损坏，立即组织修复或补埋。

（12）联合参建单位和执法部门，做好监测设施保护宣传工作，努力提高现场人员的监测设施保护意识。

（13）所有监测设施暗埋的部位作出明确标识，所有永久监测仪器旁均喷绘"监测设施，严禁破坏"警示标语。

（14）建立施工钻孔会签制度，凡在监测设施附近钻孔施工时，均由施工单位对孔位进行复核，以防钻孔打坏仪器或电缆。

（15）严格按监测规程和操作细则开展仪器埋设工作，保证刚埋设仪器成活率达到 100%。

7.7.2 观测仪器的保护方法及措施

观测仪器的保护方法及措施如下：

（1）执行安全生产制度，落实观测仪器的保护责任到人，对所有观测设备建立台账，每台设备的档案，明确检测设备的保管人员。

（2）观测过程中，严格按规程规范操作，避免操作不当引起的仪器损坏。

（3）定期对仪器常数进行检校，保证仪器的正常工作状态。

（4）保证仪器存放场所通风、防潮并配备防火器材。以满足仪器设备的防护和贮存条件，确保仪器设备的准确度和适用性。

（5）对观测设备设置标识，并将合格的和停用的隔离存放，防止发生误用"停用"仪器设备的事故。

（6）观测设备的使用人员在搬运过程中做好包装、防护工作，确保检测设备的准确度和适用性。

（7）加强作业人员的培训考核，提高作业人员保护仪器的意识。

7.7.3　仪器受损的应对措施

1. 仪器受损原因分析

安全监测仪器设备受损（失效）主要分为仪器设备自身原因、安装埋设方法不当、施工破坏（施工钻孔、机械碾压）等不同原因的受损，如仪器设备出现测值不稳或无测值现象，要及时查找分析原因。

（1）如仪器安装过程中出现测值不稳或无测值，应立即更换仪器设备。

（2）检查仪器电缆（光缆）通讯是否正常，引线过程中电缆（光缆）是否有受损。

（3）检查仪器附近部位是否存在施工操作不当，致仪器设备受损。根据仪器设备受损原因及时做出处理方案和补救措施，并及时汇报监理工程师。

2. 仪器受损的应对措施

（1）仪器设备自身原因的应对措施。

1）开展广泛市场调研和性能比较，选用稳定性、耐久性和先进性最优的监测仪器设备。

2）严格到货验收和检验率定，不合格的产品禁止使用。

3）安装前再次检查仪器设备各项性能，确认正常后方可进行安装。

4）仪器安装过程中出现测值不稳或无测值，立即更换新仪器设备。

（2）安装方法不当的应对措施。

1）仪器设备安装前由技术负责人讲解仪器安装方法和注意事项，并每周提前安排仪器安装等技术的培训。

2）安排具有丰富经验的技术人员负责仪器设备的安装。

3）严格按监测规程和操作细则开展仪器埋设工作，保证刚埋设仪器成活率达到 100%。

4）电缆跨结构缝牵引时，均外套保护钢管，并在钢管内预留 20cm 左右变形余量。

5）电缆走线尽量远离钢结构将要焊接部位，无法避开时应外裹防火隔热材料，防止焊接破坏或烧毁电缆。

（3）施工破坏的应对措施。

1）加强施工期巡视与检查，对破坏或危及监测设施的行为立即制止，对发现的仪器或电缆损坏，立即组织修复或补埋。

2）所有地表外露监测设施均配置合适的保护装置，如测压管和测斜管配置孔口保护管、水准标配置保护盖、对中基盘配置防护罩、观测站配置保护箱等。

3）联合参建单位和执法部门，做好监测设施保护宣传工作，努力提高现场人员的监测设施保护意识。

4）所有监测设施暗埋的部位作出明确标识，所有永久监测仪器旁均喷绘"监测设施，严禁破坏"警示标语。

5）建立施工钻孔会签制度，凡在监测设施附近钻孔施工时，均由施工单位对孔位进行复核，以防钻孔打坏仪器或电缆。

6）加强人工巡查力度，对损坏的仪器及电缆，做到及时修复和更换。

（4）仪器受损后的应对措施。

1）具备补埋条件的仪器设备。外观监测仪器设备确认受损失效后，应立即组织人员进行重新埋设安装：如观测墩、双金属标、倒垂线、水准点、量水堰及测斜管等仪器；具备补埋条件的内观测仪器出现受损失效后：如测缝计、三向测缝计、渗压计、钢筋计、钢板计、锚索测力计、锚杆应力计、土压力计、无应力计及应变计等仪器，要第一时间与土建施工单位协调进行重新安装埋设；如因施工单位原因致仪器出现受损失效，对受损失效仪器免费重新安装埋设。

2）不具备补埋条件的设备。不具备补埋条件的仪器设备受损失效后，及时向监理提交仪器受损失效分析报告，按照监理批复要求落实。

第8章 库岸地质灾害地基雷达监测技术与应用实践

8.1 地基合成孔径雷达系统介绍

合成孔径雷达（Synthetic Aperture Radar，SAR）是一种基于微波传感器的雷达，它具有全天候、全天时和一定穿透性等独特优点。差分干涉雷达技术（Interferometric Synthetic Aperture Radar，InSAR）是 SAR 的一个重要应用，在近十几年中得到了迅速的发展，星载和地基合成孔径雷达干涉技术是 InSAR 的两种重要形式。星载合成孔径雷达具有获取形变范围大的优势，可应用于大区域地表沉降监测，但是由于星载合成孔径雷达较长的重返周期、固定的成像姿态和低空间分辨率等特点，这种观测手段在边坡监测中并不是最优的。地基合成孔径雷达干涉测量技术（GB-InSAR）是星载合成孔径雷达干涉测量技术很好的补充，它具有最优的观测姿态和连续观测能力，而且具有灵活多变、分辨率高、平台稳定、观测周期短、造价相对低廉等优点，属于非接触测量方式，可以对危险边坡实施较好监测。GB-InSAR 在露天矿边坡滑坡、尾矿库溃坝、排土场泥石流等灾害的变形监测中发挥重大的作用。

雷达监测原理：边坡雷达利用合成孔径雷达原理实现对监测区域的二维成像，通过轨道的重轨运动获取相同目标位置的回波信号，在基于差分干涉合成孔径雷达和 PS 算法的基础上获取观测区域的高精度形变测量结果；同时，在已知雷达先验位置信息的条件下，完成形变结果叠加到三维地形。

8.1.1 系统组成

边坡雷达系统由边坡雷达、主控计算机和外部电源（交、直流电源）组成，边坡雷达可通过交流电源或直流电源供电，并通过主控计算机完成雷达系统控制、信号处理和处理结果显示与保存功能，系统组成如图 8.1 所示。

（1）边坡监测雷达硬件：实现雷达信号的发射、接收。

（2）数据传输（无线/有线）：将监测数据，通过有线或无线的方式传输至监控上上位机。

（3）供电模块：为系统连续、稳定运行供电。

（4）主控计算机（上位机）：运行《边坡雷达监控软件》，其中该软件主要功能如下：

1）数据采集与系统控制功能：控制雷达系统，实现回波数据的采集。

2）成像处理功能：实现原始回波数据的事后成像处理。

3）实时形变处理功能：实现高精度的形变测量。

4）三维地形构造功能：实现利用外部地形数据构造三维地形。

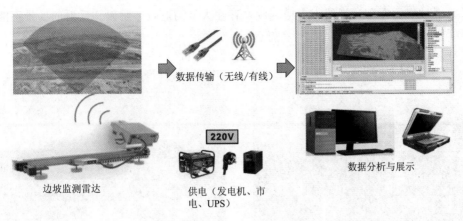

图 8.1 边坡雷达系统组成

5) 实时形变报警功能：实现形变超出阈值的结果实时报警。

8.1.2 雷达监测技术优势及特点

采用合成孔径雷达进行边坡监测，相对于传统测量仪器具有以下优点：

（1）非接触式测量。边坡雷达系统采用非接触式方式工作，无需在边坡表面安装任何附属设备。

（2）全天时、全天候监测。边坡雷达系统利用微波信号以有源方式工作，系统工作不需要其他设备辅助，微波信号可有效穿透云、雨、雾，工作不受天气条件和能见度的影响，可实现在恶劣气象条件下对边坡的全天时、全天候不间断连续工作。

（3）高精度快速实时测量。边坡雷达系统利用相位差分原理测量边坡表面形变，可达到 0.1mm 级形变测量精度，测量速度可达 2min/次。

（4）大范围空间连续测量。边坡监测雷达作用距离可达 4km，监测范围可达 90°，监测范围可达数平方公里，可获得监测区域内边坡表面的空间连续形变信息，有效监测点数可达数万点。

（5）开放的用户接口。边坡监测雷达可为用户提供开放的软硬件接口，为用户提供二次开发和系统集成能力。

8.2 雷 达 监 测 系 统

8.2.1 场地选择

地基干涉雷达（GB-InSAR1000）通过 PS 形变计算方法实现优于毫米级微量变形监测，其测量场地需要满足下列条件。

1. 测量场地选择

（1）受限于雷达干涉系统的干涉原理，大量植被覆盖的场景不能被有效地进行干涉处理，因此应选择具有裸露岩石、植被覆盖较少的区域，如图 8.2 所示。

（2）滑坡表面在雷达视线方向应连续，存在大量的遮蔽、阴影、反射的场景不能有效地进行干涉，如图 8.3 所示。

图 8.2　场景一　　　　　　　　　　　图 8.3　场景二

（3）受限于地基 SAR 系统的方位向的分辨率，观测场景坡面应尽量正对雷达，大斜视的边坡区域不能有效地进行干涉，如图 8.4 所示。

图 8.4　场景三

2. 设备安置场地选择

（1）安放位置选址在需要监测形变区的正对面，位置稳定区域。与监测体不产生大幅度斜夹角，保证视距内可以看到完整的被监测区域，保持通视，不要有任何遮挡。

（2）被监测形变区域距离雷达 10～4000m 之间，满足雷达成像要求。

（3）安放位置坚实、稳定，无裂缝，水平。

（4）架设位置无线通讯信号尽量好，方便数据传输。

8.2.2　施工安装

为保护地基合成孔径雷达设备安全性，在原有房屋的基础上，将其改造为封闭的监测房，并在其面向监测区域墙壁开设一长 3.2m、宽 0.7m 的窗户，窗体下沿离地约 1.2m。

在观测房内利用角钢材料制作操作台，以固定、安放雷达设备。操作台制作要求坚固、稳定、不晃动。

操作台高度宜与窗楞底部齐平，使的雷达主机位置位于窗户中心位置。现场安装图，如图8.5所示。

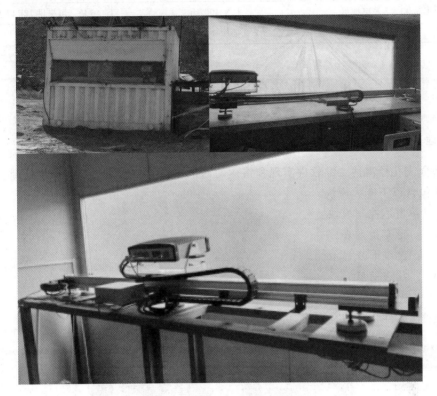

图8.5 雷达监测房安装示意图

8.3 通信及供电系统

8.3.1 通信系统

根据项目的实际情况，现场彩钢房内可布设工控机进行实时查看，如需将数据接通到办公区域可通过光纤、无线通讯传输的方式实现。

8.3.2 供电系统

1. 市电供电

根据项目的实际情况，如现场彩钢房内具备稳定的220V市电供电，可直接接通雷达使用。

2. UPS供电

雷达系统采用220V交流供电，为保证能够在没有市电的地方可以保证系统可以正常、连续运行，可采用UPS的供电方式。其中，发电机及UPS规格见表8.1。

表 8.1 发电机及 UPS 规格参数

供电方式	设　　备	规　　格	数　　量
UPS 供电	UPS	C1KS	1
	蓄电池组	12V 100Ah	6 块（可提供 12h 以上供电）
	插线板	至少包含 2 孔插座 3 个，2 孔插座 2 个	1

8.4　地基合成孔径雷达软件介绍

8.4.1　地基合成孔径雷达二维软件介绍

地基合成孔径雷达二维软件实现和雷达的通讯、原始数据采集、数据预处理、结果保存。软件包含以下 6 大模块：

模块 1：雷达控制模块。

模块 2：形变量列表。

模块 3：二维形变显示。

模块 4：状态信息。

模块 5：打点曲线显示。

模块 6：软件状态信息列表，如图 8.6 所示。

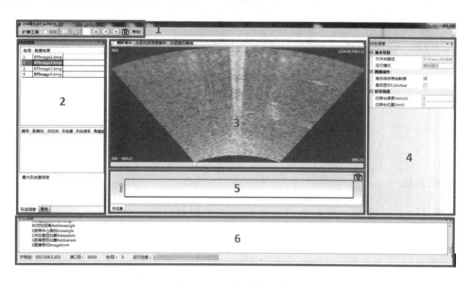

图 8.6　二维软件界面

二维软件的工作模式主要划分为两个：在线模式与离线模式。在线模式：实现实时在线的数据采集、数据存储、数据的成像和形变处理。离线模式：对已经存在的本地数据进行成像和形变处理。

模块 1 是雷达控制模块：从左向右依次包括功能按钮"扩展工具""录取""文件路径选择""参数配置""网络连接""复位""启动""停止""保存形变图像"及"帮助"

按钮。

1. 二维软件扩展工具说明

扩展工具可以实现雷达断电、雷达上电等功能，如图 8.7 所示。

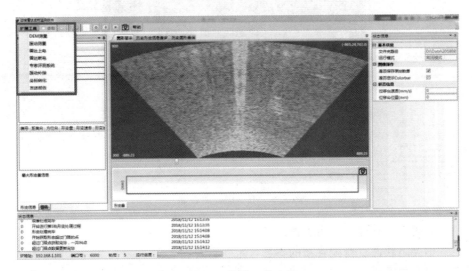

图 8.7 扩展工具功能

2. 二维软件雷达启动及历史形变查询

正常网络连接成功后，点击界面的启动按钮，之后雷达启动运行。经过初始化选择 PS 点后，显示出场景的形变信息。此时通过对形变界面进行打点，可以查询历史的形变曲线。同时，根据输入时间，可查询历史的形变结果。如图 8.8、图 8.9 所示。

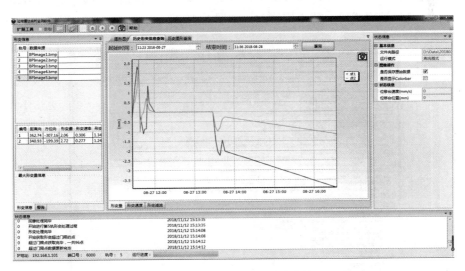

图 8.8 打点历史形变曲线查询

3. 二维软件雷达系统正常停止

系统停止之后可以进行两件事：

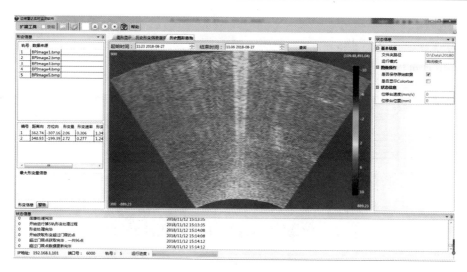

图 8.9　历史形变图查询

第一：关闭整个软件，结束工作。

第二：不关闭软件重新配置新的参数，重新运行。

重新配置参数需要点击复位按钮。关闭整个上位机软件，在雷达不断电的情况下可以实现再次连接，第二次连接与第一次结束建议间隔 2min 以上。

之后进行存储数据路径选择→配置位移台参数→配置系统参数→开始运行这几个过程实现再次采集数据。

4. 二维软件雷达信息配置

软件打开过程中，其会自动加载配文件的历史参数，值得注意的是，有几个参数是可以配置的。一旦调试完成后，便不用修改，如图 8.10 所示。

图 8.10　参数配置

Filepaths 参数配置上面的 FilePaths. xml 文件中包含主要的配置信息为①StartStyle 代表启动模式，0 是手动模式，1 是自动模式；②RestartTime，代表定时重启的时间间隔，单位是小时；③earlytime 和 latertime 代表定时重启的开始和结束时刻，在本时段内定时重启；④errorinterval 代表系统在本时间间隔内状态不更新，即监控重启；⑤SaveInitData 代表系统是否保存原始回波数据，true 是，false 否；⑥Vibration 代表是否采取振动补偿；⑦OffLineQuick 代表是否加载快速离线模式；⑧SARImagePath 代表 SAR 图像路径。

8.4.2 地基合成孔径雷达三维软件介绍

三维软件能在已知雷达先验位置信息的条件下，将形变结果叠加到三维地形。三维软件对数据处理过程中包括：形变图绘制、形变速率图绘制、形变加速度图绘制，以及将这些曲线数据以数据的形式导出。目标选择方案包括点选、线选及面选，并且点、线、面选可以实现动画播放功能。

1. 三维软件地形配置

打开三维软件后，软件整体界面如图 8.11 所示。

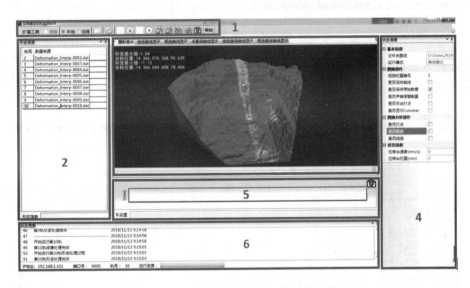

图 8.11　地基合成孔径雷达三维软件主界面

模块 1：雷达控制模块。

模块 2：形变文件列表。

模块 3：三维形变显示。

模块 4：状态信息。

模块 5：打点曲线显示。

模块 6：软件状态信息列表。

其工作模式主要划分为在线模式与离线模式。在线模式：实现实时在线的数据采集，数据存储以及数据的成像和形变处理。离线模式：对已经存在的本地数据进行成像和形变处理。

（1）打开地形配置界面，通过导入地形文件实现三维地图建立，如图 8.12 所示。

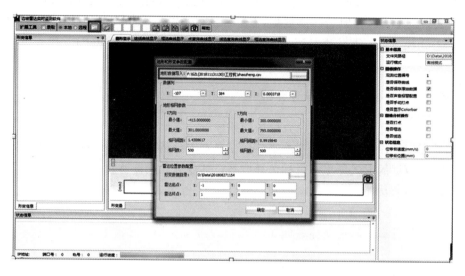

图 8.12　地形配置窗

（2）地基地形文件数据格式。地形文件为 CSV 格式，以 X、Y、Z 格式进行保存。如图 8.13 所示。

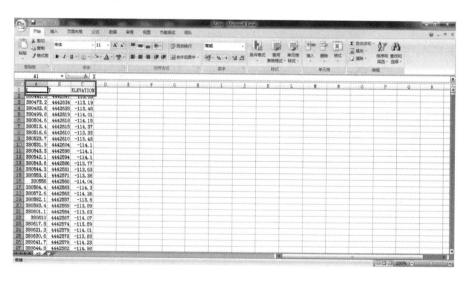

图 8.13　地基地形文件数据格式

2. 三维软件常用操作

（1）形变颜色设置。点击状态信息栏"是否显示 Colorbar"，然后双击三维控件上的 Colorbar，在弹出的菜单栏中设置红色阈值范围，并可以选择输入的范围起始值是否含绝对值,如图 8.14 所示。

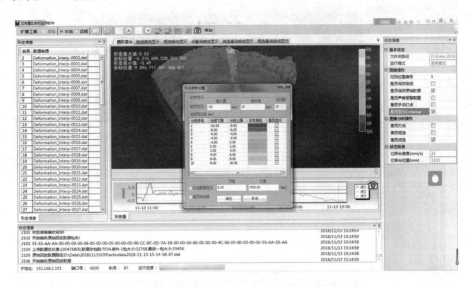

图 8.14 形变颜色设置

(2) 打点、线选、框选。通过选择界面右侧"图像分析操作栏"下面对应的框,在三维控件上进行打点、线选或面选操作,如图 8.15 所示。

图 8.15 打点、线选、框选操作

(3) 删除点选、线选和面选。直接在三维空间上右击目标点,即可选择删除该点或删除所有点;而删除线选、面选的功能按钮位于软件顶部菜单栏,需要点击相应的按钮进行选择删除。删除线选、面选的操作分别如图 8.16 和图 8.17 所示。

3. 三维软件点、线、面曲线绘制、显示与查询

在三维控件上进行打点后,打点曲线会显示在三维控件区域下方,如图 8.18 所示,

图 8.16　删除线选

图 8.17　删除框选

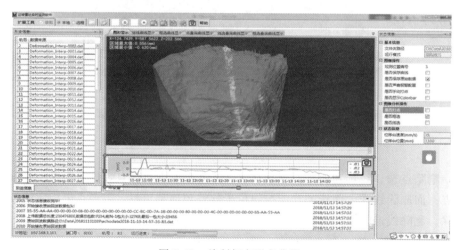

图 8.18　绘制打点形变曲线

进行线选和框选曲线可以分别点击"绘线曲线显示"和"框选曲线显示",如图 8.19 和图 8.20 所示。此外,还可实现对点、线、面的形变曲线、形变速率曲线、形变滤波曲线以及形变加速度曲线的查询,如图 8.21 所示。

图 8.19　绘制曲线显示

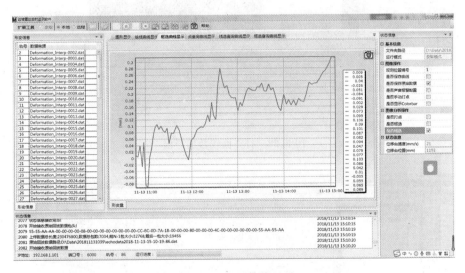

图 8.20　框选曲线显示

4. 三维软件相关曲线数据导出

双击界面中曲线显示的区域,可以导出一定时间内的相对监测结果。包括形变结果、形变速率结果以及形变加速度结果,其中打点曲线的数据导出可通过双击三维控件下方曲线显示区域进行操作导出,如图 8.22 所示。其他类型的曲线可通过双击其相应显示区域,如双击线选曲线显示区域、框选曲线显示区域以及点、线、面历史查询显示页面进行数据导出,如图 8.23 和图 8.24 所示。

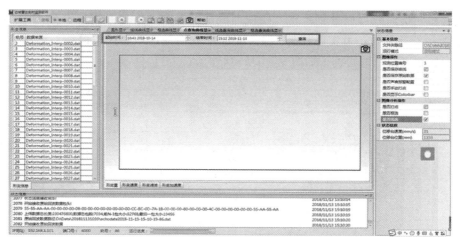

图 8.21　点、线、面曲线查询

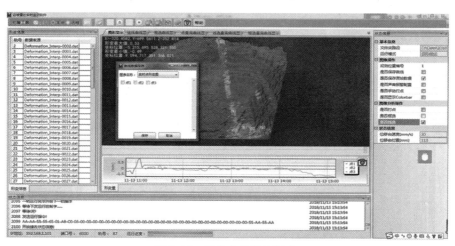

图 8.22　打点曲线数据导出

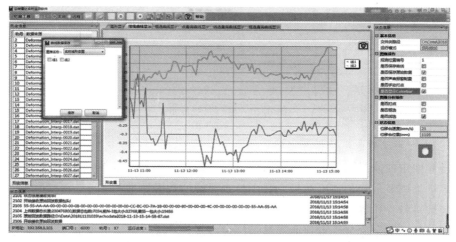

图 8.23　曲线结果导出

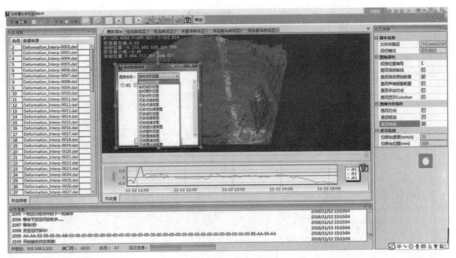

图 8.24　历史曲线导出

8.5 案　例

8.5.1　露天矿边坡应用案例

1. 河北唐山首钢马兰庄铁矿露天铁矿监测

首钢马兰庄铁矿是一座大型变质岩型磁铁矿床，整个露天采场长度约 3.6km，宽度为 1km，采场总体边坡角 41°～50°，垂直高度达到 660m，大凹陷开采深度达到 430m，在我国大型深凹露天矿山中具有很高的代表性。

2016 年 12 月，软件上面发现铁矿下部出现变形，连续 7 天每天变化超过 10mm，累计变形超过 150mm。软件发送了预警信息，业主采取了措施。第 8 天，现场发生了垮塌，由于措施到位，未发生财产损失和人员伤亡，如图 8.25～图 8.28 所示。

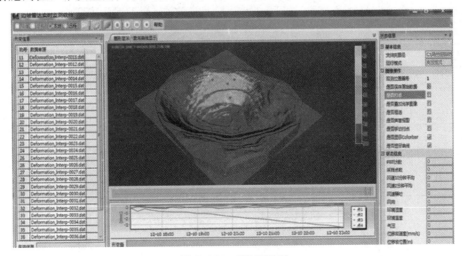

图 8.25　三维监测图

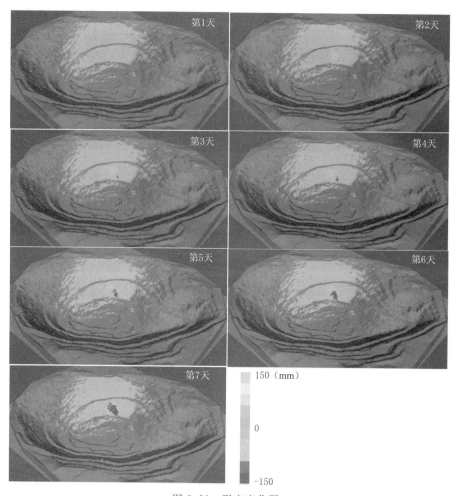

图 8.26　形变变化图

图 8.27　现场光学影像图

图 8.28 坍塌现场图

经过长期的使用，得到了客户充分认可并出具了产品应用证明。

2. 福建紫金矿业露天铜矿边坡形变监测

福建紫金矿业露天铜矿边坡形变监测地点位于福建龙岩，监测频率 5min/次。运行过程中，监测到排土场出现多个形变区域，如图 8.29 和图 8.30 所示。

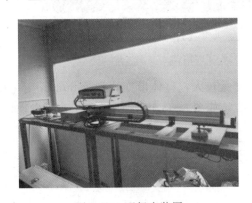

图 8.29 现场安装图

图 8.30 排土场监测现场

经过长期运行发现了现场边区区域较大的位置，如图 8.31 所示，运行过程中设备运行稳定，得到了客户的认可并出具了产品应用证明。

3. 山西平朔安家岭露天矿边坡监测

安家岭露天矿地处山西省朔州市境内，属宁武煤田北部区域，该矿田包括安家岭和安家岭二号两个勘探区，位于平朔矿区中南部，其行政区隶属于山西省朔州市平鲁区。为了对边坡体进行长期、连续形变监测，选用了地基合成孔径雷达进行监测，现场监测如图 8.32 所示。

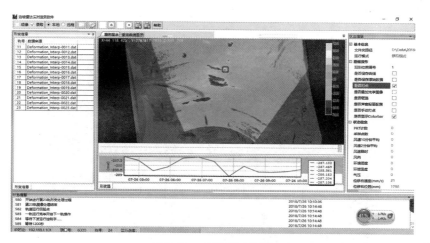

图 8.31   三维实时监测

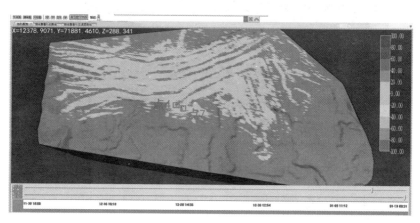

图 8.32   安家岭露天矿实时监测

经过连续将监测，发现点 4 所在位置的形变量较大，整体形变达到近 60mm 变化量，通过打点，查看器形变曲线、速度、加速度曲线，如图 8.33 和图 8.34 所示，可发现该区

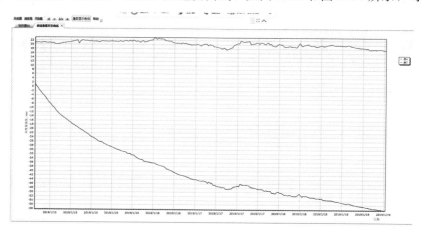

图 8.33   形变曲线

域形变前期变化较快，后期形变较缓慢。

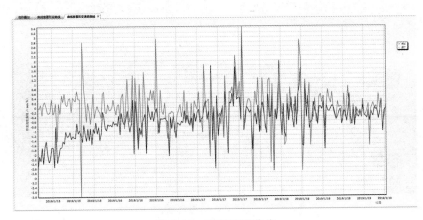

图 8.34　形变速度曲线

8.5.2　地质灾害应急监测

1. 贵州纳雍山体崩塌救灾监测

2017 年 8 月，贵州纳雍发生山体崩塌灾害，如图 8.35 所示。地基雷达监测系统对山体边坡进行全天时实时监测，多次成功提前预警二次滑坡，保障救援人员的生命安全。

图 8.35　纳雍山体崩塌现场图（一）

受降雨影响，现场共选择了 12 个监测点，如图 8.36 和图 8.37 所示，各监测点的形变量都有不同程度的变化，尤其是 9 号点，如图 8.38 所示。9 月 5 日 6—11 点，9 号点的形变量为 −21mm，变化速率呈现极不稳定状态。将数据报告给现场总指挥后，现场总指挥安排附近人员撤离。9 月 5 日下午，该点发生了塌落。由于人员已经撤离未造成危害。

2. 紫坪铺水库边坡监测

紫坪铺水库是国家西部大开发"十大工程"之一，被列入四川省"一号工程"，于 2001 年 3 月 29 日正式动工兴建。20 世纪 50 年代国家开始筹备建设的紫坪铺水库工程，

图 8.36 纳雍山体崩塌现场图（二）

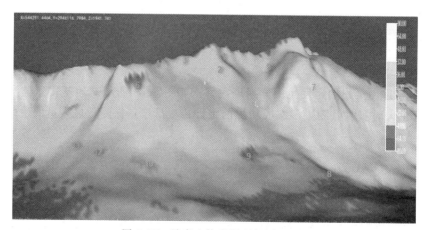

图 8.37 纳雍山体崩塌现场图（三）

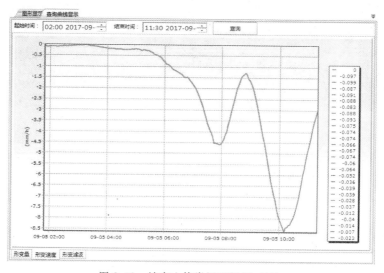

图 8.38 纳雍山体崩塌现场图（四）

因其坝基地址选在紫坪铺镇紫坪村而得名。

紫坪铺水库是一个以灌溉、供水为主，结合发电、防洪、旅游等的大型综合利用水利枢纽工程。水库正常蓄水位877m，死水位817m，设计洪水位871.1m（$P=0.1\%$），核定洪水位883.1m，最大坝高156m。在校核洪水位下，总库容11.12亿 m^3，其中正常蓄水以下库容9.98亿 m^3，正常蓄水位至汛期限制水位之间库容4.247亿 m^3，死库容2.24亿 m^3。

紫坪铺镇交通便捷，从国道213线和成灌高速公路接口，新、老213线的都汶高速公路穿境而过，距市中心2km，距成都40.5km，是通往阿坝九寨，龙池国家森林公园和龙溪虹口国家级自然保护区的必经之地，全镇基本实现村村通公路，如图8.39所示。

图 8.39　紫坪铺水库库区边坡

利用边坡雷达的DEM扫描功能，获取到监测区域的DEM模型，如图8.40所示（受地形遮挡及草木影响，部分区域DEM效果较粗糙）。

图 8.40　雷达生成的DEM模型

获取到现场 DEM 模型后，导入雷达三维监测软件中，对监测区域进行连续观测，可实时查看监测范围内各点位、剖线，重点区域的形变信息及监测区域的整体形变信息，如图 8.41～图 8.44 所示。

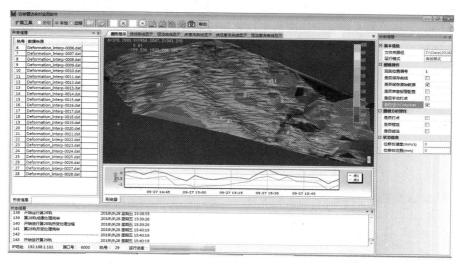

图 8.41　三维实时监控

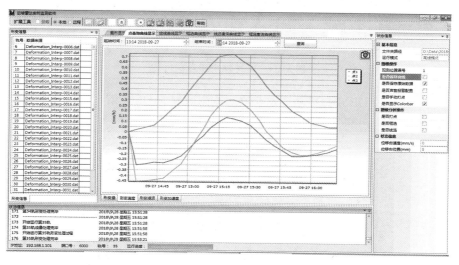

图 8.42　点形变查询

8.5.3　水利水电库区安全监测——拉西瓦水电站库区安全监测

1. 项目概况

拉西瓦水电站位于青海省境内的黄河干流上，是黄河上游龙羊峡至青铜峡河段规划的第二座大型梯级电站，位于贵德县拉西瓦镇。拉西瓦水电站最大坝高 250m，一期蓄水水位高程 2370m，水库正常蓄水位高程为 2452m，总库容 10.56 亿 m³，6 台机组总装机容量 420 万 kW，多年平均发电量 102.23 亿 kW·h，动态投资 149.86 亿元。拉西瓦水电站

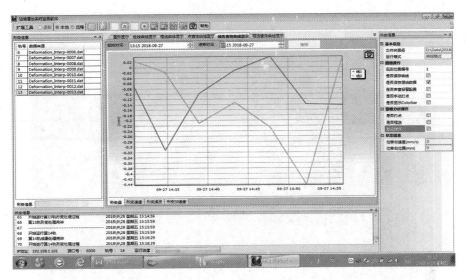

图 8.43　线形变查询

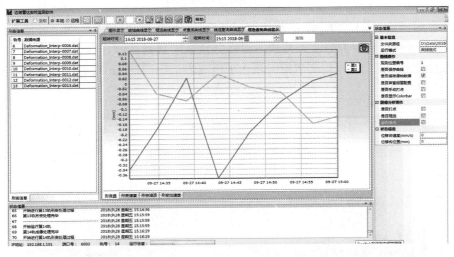

图 8.44　区域形变查询

是黄河上最大的水电站和清洁能源基地，也是黄河流域大坝最高、装机容量最大、发电量最多的水电站。水电站岸边边坡稳定问题，不但与枢纽建筑、航道安全、水库淤积和城镇搬迁等直接相关，也是沿岸工农业布局与防灾工作的重要前提。因此，库案边坡的稳定性，圈定潜在的危险地区，针对滑坡区域预先治理和监测，对水电站显得尤为重要。尤其是 2009 年发现在水电站岸坡上、中部存在一块错落区域，并随着时间推移伴有自然沉降，下部区域已经产生多条塌陷槽与落水洞（图 8.45）。这类边坡一旦失稳，会对水电站财产以及人员安全造成极大威胁，所以必须采用相关监测手段对其监测、预警。

果卜岸坡位于拉西瓦工程右岸坝前斜坡的顶部石门沟上游与双树沟之间范围内，距离大坝约 500～1300m。岸坡顶部平台地面高程一般为 2930～2950m，台面长 750m、宽

图 8.45　拉西瓦水电站库区边坡图

50m，平台面积约为 11.5 万 m^2，总体面积约为 3000 万 m^2。从下游到上游依次分布 1、2、3、4、黄花沟、双树沟等 6 条冲沟，沟间分别从岸顶到坡脚连续延伸的 1、2、3、4、5 号梁和双黄梁。正常蓄水位高程距大坝水平距离为 900~1700m 和 2000m，如图 8.46 和图 8.47 所示。

图 8.46　水电站周围场景

图 8.47 监测区域划分

针对此区域，设立边坡雷达在线监测系统，监测内容为边坡表面位移监测，因此采用适应性较强的雷达监测技术。

2. 边坡雷达安装选址

针对边坡场景实际形变特点，边坡雷达拟建设雷达监测地址为对面上坡，实现对整个边坡的实时监测。雷达架设位置距离边坡底部直线距离约 1000m，监测区域如图 8.48 所示。

图 8.48 雷达监测区域及位置

3. 雷达数据介绍

根据果卜岸坡的实际形变特点，架设设备自 2018 年 9 月 8 日 0 时 36 分开始运行，至

2018 年 9 月 9 日 3 时 51 分结束观测，选取系统连续监测时间约 20h 为基准数据进行分析。即此阶段进行了 211 轨监测，平均 5min 进行一次雷达数据监测。雷达软件设定的场景成像距离为从 1000～2500m。

图 8.49 为雷达系统上位机二维、三维软件监测界面，经过近 20h 的雷达形变监测，结果显示出在雷达监测图的左下部和中部区域出现了明显的形变区域。一般而言，重点监测区域的重点点位可以代表某一区域的形变特点。为此，选择了场景中的 A（左下部）、B（中部）两个点位进行历史形变分析。A 点点位代表区域在雷达方向上的距离向和方位向为（−70.73，1640），转换 A 点位的雷达坐标为（7698，232）；B 点点位代表区域在雷达方向上的距离向和方位向为（−241.8，1393），转换 B 点位的雷达坐标为（9840，1393）。图 8.50 分析了积累形变结果的时间变化序列，结果显示随着时间递增，场景中局部点位的形变量逐渐增大。20h 的观测期结束之后，A 点形变量达到 −2.6mm，B 点形变量达到 −3.3mm。其中，负值在雷达场景中代表的意义是接近雷达方向的形变分量。下面分别对 A、B 点形变进行分析。

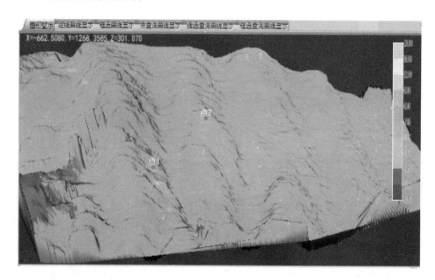

图 8.49　软件显示模块

4. 监测数据分析

A 点距离雷达位置距离大概有 1640m，在雷达观测视野中处于中部位置，在光学图片上。从图 8.50 的积累形变结果看，A 点周边区域位置的有一定的形变量。20h 的连续形变监测发现形变值持续增大，形变最大达到 −2.6mm。为了更好的描述 A 点形变的趋势，系统软件对形变曲线进行了滤波平滑处理，用经过高斯滤波后的形变曲线结果代表过去 20h 的形变特点（图 8.51）。结果显示，滤波显示出的 A 点时间序列曲线比原始曲线也更为平滑，结果有效的解决因为常规像素点形变噪声引起的形变曲线跳动，在形变速率计算上具有明显优势。图 8.52 是 A 点位置基于高斯滤波计算的形变速率曲线。在这种形变速率较小的点位，常规方法直接计算速率获取的曲线基本全时在 0 附近波动的毛刺状"粗线"，基本看不出速率走势。但是这里采用高斯滤波方式计算的速率结果可以明显看出形

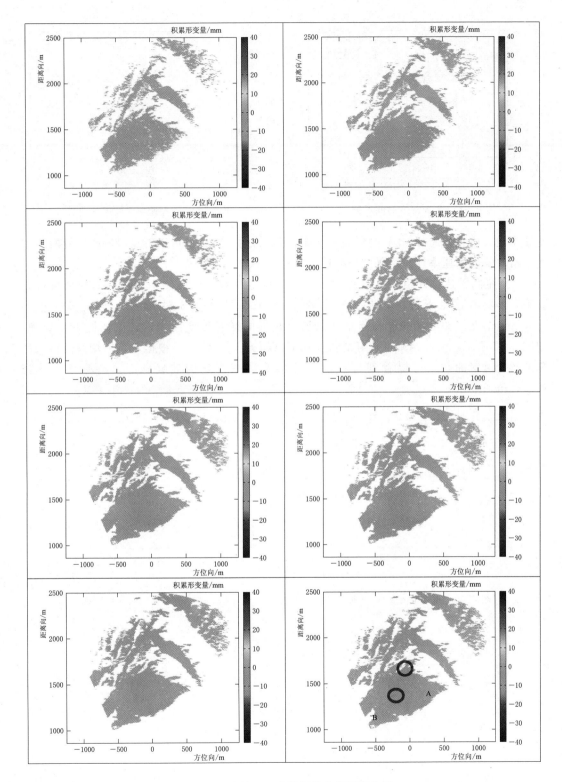

图 8.50　连续 20h 边坡视线向积累形变量

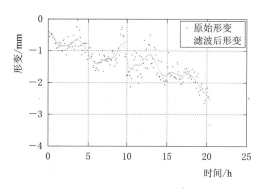

图 8.51　点 A 形变时间序列

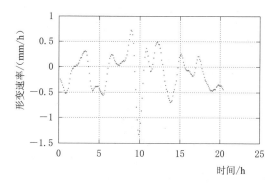

图 8.52　点 A 速率时间序列曲线

变速率最大达到−0.6mm/h 的量级，从图 8.51 的同一时刻也可以看出明显的形变曲线加速下滑，验证了速率计算结果的正确性。

　　B 点距离雷达位置距离大概有 1393m，在雷达观测视野右侧中部。从形变结果可以看到，形变有逐渐下滑的趋势。积累到 2018 年 9 月 9 日 3 时 51 分，形变最大达到−3.3mm。为了更好的描述打点形变趋势，我们同样对形变曲线进行了滤波平滑处理，如图 8.53 所示，滤波结果可较好的代表观测值趋势。图 8.54 是根据 B 点形变滤波结果计算的形变速率曲线，可以看到打点位置的形变速率明显的波动状态，速率最高达到约−1mm/h。

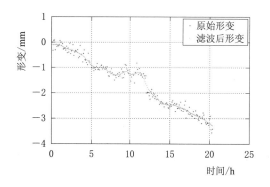

图 8.53　点 B 形变时间序列

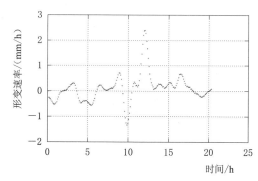

图 8.54　点 B 速率时间序列曲线

第9章 泥石流自动监测与预警技术应用实践

9.1 应 用 背 景

我国西南山地、高原地区，泥石流灾害比较严重，给人们造成生命及财产的巨大损失。随着水电站在高山狭谷之间的修建，大多位于泥石流灾害多发地段，甚至某些水电站近坝区就分布有泥石流沟。同时，水电站工程建设过程对地质环境造成一定的影响，可能导致这些泥石流发生加剧，对水电站工程建筑物运行安全影响大。在工程建设及运行过程中，如果能对其进行监测预警，及时避让，就能以较小的投入最大限度地减小泥石流灾害造成的损失，因此，建立泥石流自动监测与预警系统是非常有必要的。

基于美国 Traid Engineering Application 公司的应急预警软件平台技术及配套设备建立的泥石流自动监测与预警系统，具有监测内容全面、机动性能强、自动化程度高、可全程持续监控等先进性，同时该系统可将多种格式的传感器数据通过配置快速集成到一个平台中，具有对监测数据的快速处理及分析能力。

依托工程为乌东德水电站，其坝址区内分布有多条泥石流沟，包括花山泥石流沟和下白滩泥石流沟，对工程施工安全及工程安全均造成威胁。因此有必要结合工程治理措施，建立自动安全监测及预警系统，为工程建设安全及流域内人民生命财产安全提供保障。同时，该监测预警系统成功应用后，可推广到其他在建工程，对于确保工程安全具有十分重要的推广价值。

9.2 泥石流自动监测与预警系统构成

9.2.1 系统工作原理

美国弗大工程运用公司开发的泥石流自动监测与预警系统通过高精度、高性能摄像设备和热成像仪，对泥石流进行实时监控，可以实现数据的自动采集和传输，并将视频资料和监测数据通过卫星通讯系统等无线传输至监控中心。监控中心服务器内的传感器数据融合分析软件在通过对数据的分析，确定是否需要发出预警或预警等级。

9.2.2 系统架构

泥石流自动监测与预警系统的架构结构主要包括3部分，如图9.1所示。

（1）传感器系统，即布置在泥石流沟现场的摄像头或热成像仪等监控设备，以及现场的水位计、泥位计等监测设备。

（2）视频管理系统（VMS），利用智能化的用户界面，管理系统中的集成定制软件，

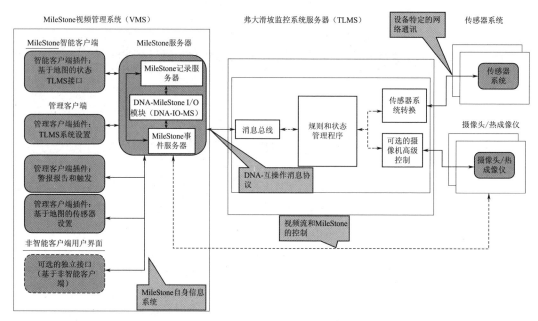

图 9.1　泥石流自动监测与预警系统架构示意图

可通过互通技术来分析现场的传感数据以及视频数据。

（3）监控系统服务器（TLMS），是整个泥石流自动监测与预警系统的核心及基础。

另外，该系统还可根据需要增加功能不同的智能插件，主要包括基于地图的状态显示插件、TLMS 系统配置和存储插件、警报报告和触发插件、基于地图的传感器设置插件以及独立端口插件等。

9.2.3　主要设备及特点

1. SightSensor 系列传感器 NS595 - 610

NS595 - 610 是高清晰度的热成像仪，能够提供 640mm×480mm 像素的红外视频并通过 IP 网络传输视频信号（图 9.2）。监测范围可以达到在 620m 外监测到物体的移动，

图 9.2　SightSensor 系列传感器 NS595 - 610

且与 Sightlogix 的 SightSensor Visible 协调监测。当 SightSensor Visible 摄像机在泥石流监测区域监测到物体运动时，可以调动 SightSensor 聚焦特定区域，给出高清视频以便识别。该传感器具有野外昼夜智能视频监测、电子防抖和视频分析的能力，具有高检测概率（PD）、低误报率（NAR）、远距离监测等特点，主要技术指标见表 9.1。

表 9.1   **SightSensor 智能热感摄头 NS595 - 610 主要参数表**

热 像 仪 规 格		
阵列格式（NTSC）	640×480	
检测器类型	长效，非冷却型 VOX 微测辐射热计	
有效分辨率	307，200	
像素间距	$17\mu m$	
热帧速率	PAL：8.33Hz	
光学特性	FOV	聚焦
	10°×8°	65mm
放大	2×4×E - zoom	
光谱范围	$7.5\sim13.5\mu m$	
视频		
视频压缩	H. 264，MPEG - 4 和 M - JPEG 的两个独立通道	
流分辨率	PAL	
	D1（720×576）	
	4CIF（704×576）	
	CIF（352×288）	
系统集成		
系统集成	是	
以太网	RS232/422；Pelco D，Bosch	
串口控制接口	是	
网络 APIs	Nexus SDK for comprehensive system control and integration	
	Nexus CGI for http command interfaces	
	ONVIF 2.0 Profile S	
概况		
重量	4.8kg	
尺寸（长，宽，高）	18.1" ×5.5" ×6.3" （460mm×140mm×160mm）	
电压	24V AC（21 - 30V AC）	
	24V DC（21 - 30V DC）	
电耗	24V DC=10W；46W（max w/heaters）	
	24V AC=15VA；51VA（max w/heaters）	

2. SightSensor 系列传感器 NS305 - 600

该传感器是符合行业标准的高清红外摄像机，主要用于室外监测，在监测的范围方面，它可以取代数台可见光摄像机及其相关灯光设备。在泥石流监测中，它能覆盖整个泥石流监测区域，观测区域内物体的移动情况。SightSensor 智能热感摄头 NS305 - 600（图 9.3）的主要技术参数见表 9.2。

图 9.3　SightSensor 系列传感器 NS305 - 600

表 9.2　SightSensor 智能热感摄头 NS305 - 600 主要参数表

热 像 仪 规 格		
阵列格式（NTSC）	640×480	
检测器类型	长效，非冷却型 VOX 微测辐射热计	
有效分辨率	307，200	
像素间距	$17\mu m$	
热帧速率	PAL：8.33Hz	
光学特性	FOV	焦距
	32°×26°	19mm
放大	最多 4 倍连续电子变焦	
光谱范围	7.5～13.5μm	
视频		
视频压缩	H.264，MPEG - 4 和 M - JPEG 的两个独立通道	
流分辨率	D1：720×576	
	4CIF：704×576	
	Native：640×512	
	Q - Native：320×256	
	CIF：352×288	
	QCIF：176×144	

系 统 集 成	
以太网	是
串口控制接口	否
外部分析兼容	是
网络 API	Nexus SDK for comprehensive system control and integration
	Nexus CGI for http command interfaces
	ONVIF 2.0 Profile S

网络	
支持协议	IPV4，HTTP，Bonjour，UPnP，DNS，NTP，RTSP，RTCP，RTP，TCP，UDP，ICMP，IGMP，DHCP，ARP，SCP

概括	
重量	1.8kg 无遮阳板
	2.2kg 带遮阳板
尺寸	10.2" ×4.5" ×4.2"（259mm×114mm×106mm）无遮阳板
（长，宽，高）	11.1" ×5.1" ×4.5"（282mm×129mm×115mm）带遮阳板
电压	14－32V DC
	18－27V AC
电力消耗	PoE（IEEE 802.3af－2003）
	11－56V DC
	12－38V AC

3. G101 智能机动式观测站

G101 智能机动式观测站可以实现土壤含水量计、雨量计等仪器的观测，观测范围广、精度高、观测内容全面（图 9.4）。

G101 智能机动式观测站主要技术指标：信息处理单元 16：9 触控屏，1GB 内存，内建闪存卡；IO 界面：3 组 AI 差动电压，1 组 AI 差动电压有源，1 组 DI，太阳能板接口；通信方式 GPRS/WCDMA/HSDPA A－BAND144MHz B－BAND430MHz，Ethx2；雨量计：精度 0.1±2％mm/hr，量程 25mm/hr，土壤含水量计 0-100％±3％；供电：BAT 100AH，太阳能板 60W，市电 220V；63cm×50cm×35cm 37kg（BAT）背架（图 9.5～图 9.7）。

4. 美国弗大公司传感器数据融合分析软件

弗大（Triad）传感器数据融合分析软件包括 Triad 视频管理系统（VMS），红外视频分析系统，以及 Triad 中间件。Triad 的客户端和管理端分别作为用户的使用界面和配置界面。弗大（Triad）传感器数据融合分析软件将现场传来的传感器数据进行整合后，利用特定的算法对数据进行分析，并做出预警判断（图 9.8）。

5. 美国弗大公司通讯系统（传感器数据融合分析及应急预警软件）

Triad 通讯系统包括了一台主机和传感器数据融合分析及应急预警软件，主机适用于长期在野外收集数据，可在－25～70℃的温度下正常运作，支持插座式中央处理器以

图 9.4　G101 智能机动式观测站

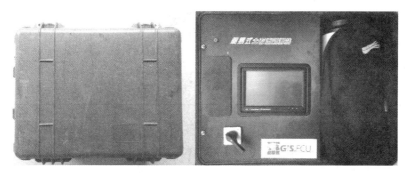

图 9.5　G101 智能机动式观测站外观及显示面板图

图 9.6　G101 智能机动式观测站接口图

A—电力输入口（输入：100~240V）；B—雨量计信号输入口；C—土壤含水量信号输入口

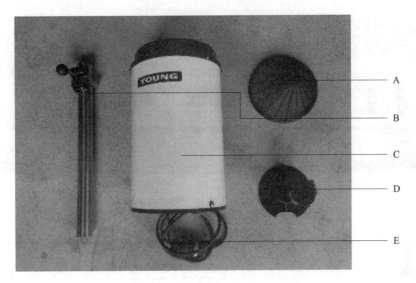

图 9.7 G101 智能机动式观测站配套雨量计

A—滤网；B—支架；C—雨量计；D—底座；E—信号线

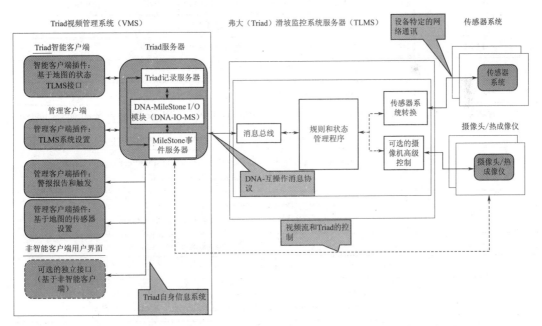

图 9.8 弗大（Triad）传感器数据融合分析软件架构图

便灵活安装 CPU（图 9.9），主机主要参数见表 9.3。包括了系统的 I/O 功能，如 GbE、USB3/USB2、COM and VGA/DVI/DP，还具有 Neousys 的 MezIOTM 界面以做更多的 I/O 扩展。该系统还安装了 MezIOTM 组、11xCOM 入口、32DIO 通道，以及卫星信号的输入/输出。

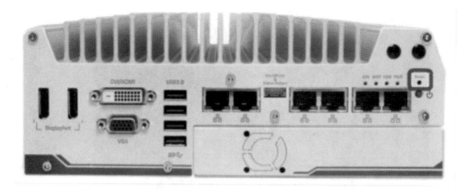

图 9.9 弗大泥石流预警系统主机

表 9.3 弗大泥石流预警系统主机主要参数

系 统 核 心	
处理器	1xIntel i5 - 6500TE（Skylake）2.3 GHz Processor：LGA1151 - SR2LR
芯片组	Intel® Q170 Platform Controller Hub
图形卡	Integrated Intel® HD Graphics 530
内存	Up to 32 GB DDR4 - 2133 SDRAM by two SODIMM sockets
AMT	支持 AMT 11.0
TPM	支持 TPM 2.0
I/O 接口	
以太网	6x Gigabit Ethernet ports by Intel® I219 and 5x I210（Nuvo - 5006LP）
视频端口	Optional IEEE 802.3at PoE+ PSE for GbE Port 3 ～Port 6，80 W total power budget
USB	4x USB 3.0 ports via native XHCI controller
PoE+	1x stacked VGA + DVI - D connector 2x DisplayPort connectors， supporting 4K2K resolution
串行端口	2x software - programmable RS232/422/485 port （COM1 & COM2）1x RS232 port（COM3）
音频	1x Mic - in and 1x Speaker - out
存储端口	
SATA HDD	1x hot - swappable HDD tray for 2.5" HDD/SSD installation 1x Internal SATA port for 2.5" HDD/SSD installation，supporting RAID 0/1
mSATA	1x full - size mSATA port（mux with mini - PCIe）
扩展总线	
Mini PCI - E	1x internal mini PCI Express socket with front - accessible SIM socket， 1x internal mini PCI Express socket with internal SIM socket（mux. with mSATA）
扩展 I/O	1x MezIOTM expansion interface for Neousys MezIOTM modules

电 源	
DC 输入	1x 3 - pin pluggable terminal block for 8～35V DC DC input
遥控和状态输出	1x 10 - pin（2x5）wafer connector for remote on/off control and status LED output
尺寸	240 mm（W）×225mm（D）×77mm（H）
重量	3.1kg
环境	
操作温度	−25～70℃
保持温度	−40～85℃
湿度	10%～90%，non - condensing

9.3 实 施 及 应 用

9.3.1 应用工程概况

乌东德水电站位于云南省和四川省交界的金沙江干流上，右岸隶属云南省昆明市禄劝县，左岸隶属四川省会东县，是"西电东送"的骨干电源点。坝址控制流域面积 40.61 万 km²，坝址多年平均流量 3850m³/s；多年平均径流量 1210 亿 m³。水库正常蓄水位 975m，防洪限制水位 952m，死水位 945m，防洪高水位 975m，预留防洪库容 24.4 亿 m³，调节库容 30.20 亿 m³，库容系数 2.5%。电站装机容量 10200MW，保证出力 3160MW，多年平均发电量 389.30 亿 kW·h。枢纽工程有挡水建筑物、泄水建筑物、引水发电系统等组成，乌东德水电站的枢纽平面布置图如图 9.10 所示。

乌东德水电站上游库区内发育多条泥石流沟，库区 200km 范围内左岸分布泥石流沟 136 条，右岸分布泥石流沟 104 条，两岸共有泥石流 240 条，泥石流活动强度为较强～很强。

其中在乌东德水电站坝址区上下游附近分布有 5 条典型泥石流沟，分别为阴地沟、猪拱地沟、下白滩沟、马师傅河沟和花山沟，如图 9.11 所示。

项目组成员现场查勘后认为，花山泥石流沟流域交通条件较差，设备的布设和运行维护非常困难，而下白滩泥石流沟流域位于左岸高线过坝道路上方，交通运输条件较好。经综合比较，项目的现场实施地点选择在下白滩泥石流沟内。

9.3.2 下白滩沟泥石流

9.3.2.1 基本特征

下白滩沟流域由小沟流域和磨槽沟流域组成。该沟流域面积约 4.44km²，流域平面形态不规则，似树叶状。小沟及磨槽沟主沟长分别为 1.87km 和 3.08km。小沟流域最大相对高差 741m，主沟平均比降 263.5‰；磨槽沟流域最大相对高差 1343m，主沟平均比

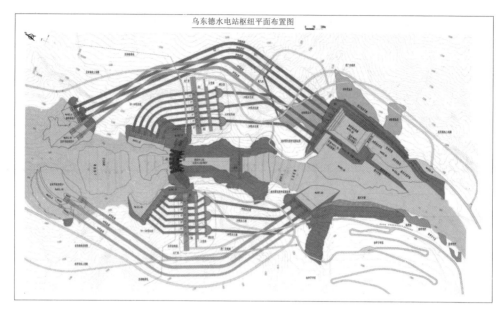

图 9.10　乌东德水电站枢纽平面布置图

图 9.11　乌东德水电站坝址区泥石流沟分布图

降 344.5‰，全景照片如图 9.12 所示。

　　下白滩沟流域内出露地层主要为白垩系、侏罗系的碎屑岩，沟口少量二叠系峨眉山玄武及三叠系白果湾组泥砂岩。第四系物质主要分布于社房梁子一带，主要为冲洪积、崩坡积物，沿沟底一带多形成近直立陡坎。

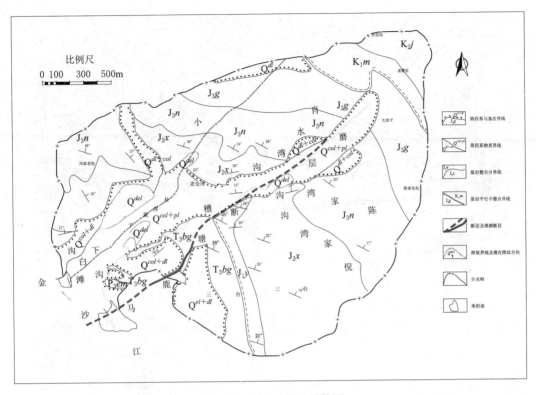

图 9.12 下白滩沟地质简图

下白滩沟流域内松散物源由滑坡、崩塌、沟道堆积物组成，固体物质总量为 93.347 万 m³，其中滑坡体 62 万 m³，崩塌堆积体 25.08 万 m³，沟道堆积物 6.267 万 m³；易参与泥石流活动的固体物质总量为 12.92 万 m³，其中滑坡体 3.81 万 m³，崩塌堆积体 2.843 万 m³，沟道堆积体 6.267 万 m³，详见表 9.4 和图 9.13。

表 9.4 　　　　　　　　　　　　　下白滩沟松散物源总量

物 源		滑坡堆积体				崩塌堆积体			沟道堆积体		合计 /万 m³
		H1	H2、H3	H4	H5	B1	B2	B3	沟床质	沟岸松散物	
稳定性		基本稳定	基本稳定	稳定	基本稳定	不稳定	基本稳定	不稳定	不稳定	不稳定	
松散固体物质总量/万 m³	小沟	40.0	—	2.0	—	—	—	0.8	1.1	44.0	
	磨槽沟	—	8.0	2.0	10.0	6.1	5.0	13.9	2.6	1.7	49.4
	合计	40.0	8.0	4.0	10.0	6.1	5.0	13.9	3.4	2.9	93.3
易活动量/万 m³	小沟	2.0	—	0.0	—	—	—	0.8	1.1	4.0	
	磨槽沟	—	0.0	0.0	1.8	0.9	0.6	1.3	2.6	1.7	9.0
	合计	2.0	0.0	0.0	1.8	0.9	0.6	1.3	3.4	2.9	12.9

下白滩沟的小沟和磨槽沟是属于间歇性发生中等规模泥石流，历史致灾轻微，较少造成重大灾害和严重危害的一条稀性泥石流沟。据计算，在频率为 2% 的暴雨条件下，下白

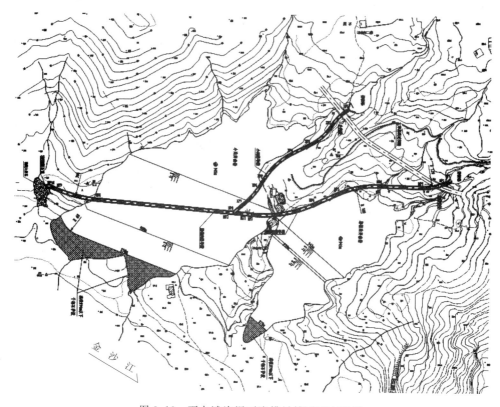

图 9.13　下白滩沟泥石流排导槽平面布置图

滩沟流域小沟泥石流洪峰值流量为 18.0m³/s，一次泥石流过程冲出的固体物质总量为 0.58 万 m³；磨槽沟泥石流洪峰值流量为 73.7m³/s，一次泥石流过程冲出的固体物质总量为 2.29 万 m³。根据现有松散物源的情况来看，若不对松散物源区进行治理，今后的 50 年白滩沟的泥石流仍将处于暴发期。

9.3.2.2　设计治理方案

根据泥石流形成特点、危害情况及地形地质条件，下白滩沟采用"稳坡、拦挡、固床、排导"的综合防治方案，总体上以排为主。防治工程等级为二级，降雨强度取 50 年一遇。防治方案包括"拦挡坝、停淤场、排导槽和出口护坡"4 部分。

磨槽沟中游主沟道内修建两座拦挡坝，1 号拦挡坝布设于排导槽上游沟床高程约 1000.00m 处，坝型采用重力式实体格墩坝，坝体溢流段净高 4m，隔墩高度为 2m，间距 1m，宽度 1.5m；非溢流段坝净高 5.5m。2 号拦挡坝布设于沟床高程约 1070.00m 处，坝型采用重力式实体坝，溢流段净高 5m，非溢流段坝体净高 7m，排水孔尺寸为 $\phi 0.75m$。

排导槽进口位于左岸高线过坝道路跨小沟和磨槽沟位置的内侧，两支沟排导线路在社房梁子 940.00m 高程交汇后，斜向西侧至小沟上游相邻的冲沟内。小沟、磨槽沟排导槽总长分别为 345m、924m，纵坡分别为 9%、15%。排导槽横断面最小底宽不小于最大粒径的 2.5 倍，并考虑投资因素，小沟、磨槽沟排导槽横断面最小底宽分别取 3.0m、

4.0m。排导槽横断面为"V"形断面,槽底横向坡比为1:5,侧墙坡比分别为1:0.35和1:0.3,深度分别为2.0m和2.5m。排导槽出口位于上游冲沟基岩出露处,抛投大块石结合钢筋石笼防冲,加强排导槽出口的稳定性,如图9.14和图9.15所示。

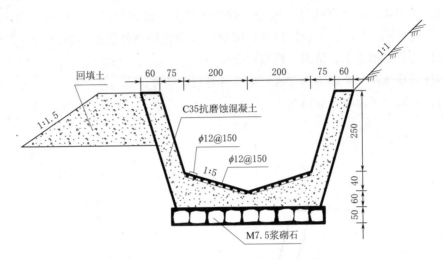

图 9.14 磨槽沟 "V" 形槽断面示意图

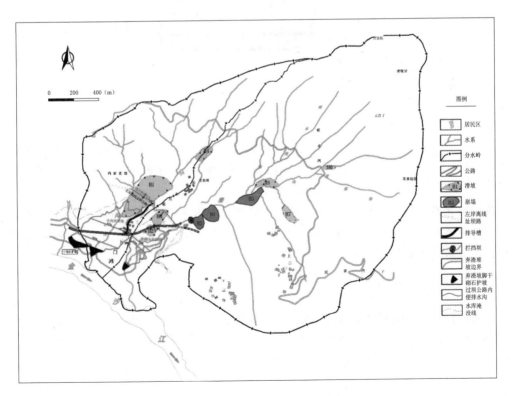

图 9.15 下白滩沟松散物源分布图

对排导槽进口上游区域进行改造，进口前各形成容积约 1.1 万 m³ 停淤场，控制和减少大块石进入排导槽。停淤场两侧采用浆砌石护坡。小沟排导槽进口停淤场由排导槽进口八字墙与原始沟道形成；磨槽沟排导槽进口停淤场由左岸高线过坝道路路堤与排导槽进口前的原始沟道形成。靠近高线过坝道路一侧护坡预留可进入停淤场的检修便道，宽度约 10m，在非检修工况下，采用沙袋封堵护坡缺口。沿排导槽外侧修建宽度 10～12m 的施工便道，作为排导槽施工、清淤、检修的通道。

所有排导设施在一个枯水期建成，汛前具备过流条件。

泥石流排导槽平面布置如图 9.16 所示。

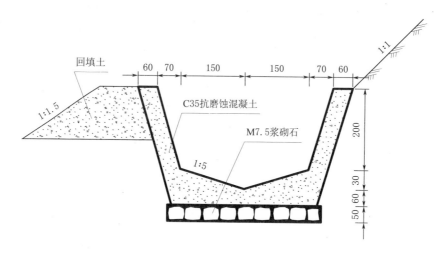

图 9.16　泥石流排导槽平面布置图

9.3.2.3　泥石流近期活动

2017 年 7 月 7 日凌晨，乌东德坝址区遭遇强降雨，坝址各观测站观测到 7h 降雨强度 88～95.1mm，00：00—01：00 降雨强度达到 46.1mm（左导进站），为有系统气象观测记录（2012 年 12 月起）以来最大小时降雨强度。

强降雨导致距坝址上游 3km 右岸下白滩磨槽沟发生泥石流，泥石流造成高线路 1-2 隧道进口段道路损毁中断，下白滩砂石系统部分损毁，（图 9.17、图 9.18），堆积在砂石系统内的泥石流方量约 3 万 m³。

9.3.3　系统现场测试应用工作

泥石流自动监测与预警系统在武汉完成验收和培训工作后，2017 年 3 月初运抵乌东德工程现场。正式安装之前，项目组在现场多个部位进行了系统的现场测试工作。

9.3.3.1　水流运动及低速运动测试

为测试泥石流自动监测与预警系统对于实际水流运动及低速物体运动的识别情况，项目组选择在上游索道桥部位对系统进行测试，主要测试内容为：①导流洞进口水流运动识别测试；②索桥桥面低速运动汽车运动识别测试。

图 9.17 下白滩混凝土骨料生产系统影像（摄于 2017 年 7 月 7 日）

图 9.18 磨槽沟泥石流水毁影像

测试结果：①智能热感摄像头可充分捕捉水流运动和水流波动情况；②可充分捕捉汽车运动并报警。

现场测试情况如图 9.19、图 9.20 所示。

图 9.19 水流及水面波动测试

图 9.20 低速运动汽车识别测试

9.3.3.2 坡面溜渣运动测试

考虑到渣场弃渣卸下在坡面滚动过程与泥石流运动类似,项目组选择在鲹鱼河弃渣场对坡面溜渣运动进行了识别测试,为验证设备在夜晚条件下的适用性,分别在白天和夜晚进行了测试,并对测试目标区域温度进行了记录。

测试结果:设备在日间和夜间均可有效识别、捕捉和跟踪溜渣、石料运动情况,并可自动报警。

现场测试情况如图 9.21 和图 9.22 所示。

图 9.21　白天鲹鱼河弃渣场溜渣测试

图 9.22　夜晚鲹鱼河弃渣场测试

9.3.3.3 夜间运动物体捕捉测试

为进一步了解系统对于夜间运动物体的捕捉识别情况，项目组在乌东德设代处顶楼对设备进行了夜间测试，主要测试了仪器设备对运动物体的捕捉识别情况。

测试结果：设备在夜间均可有效识别、捕捉运动物体并能智能报警，现场测试情况如图 9.23 所示。

图 9.23（一）　夜间运动物体捕捉测试

图 9.23（二）　夜间运动物体捕捉测试

9.3.3.4　下白滩泥石流沟现场测试

为了解下白滩泥石流沟的实际布置及应用条件，项目组在下白滩泥石流沟对设备进行了测试并对设备安装位置进行了现场踏勘。主要对下白滩泥石流沟现场的沟中水流进行了识别测试，同时对测试目标区域温度进行了记录。现场测试情况如图 9.24 所示。

图 9.24　下白滩泥石流沟现场测试

9.3.4 下白滩泥石流自动监测与预警系统实施及应用

根据前期现场查勘、方案研究成果，并结合现场测试应用情况，项目组在下白滩泥石流沟现场布设了泥石流自动监测与预警系统，并实现了系统的正常使用。

9.3.4.1 方案总体布置

根据泥石流自动监测与预警系统的布置要求，系统主要由信息采集系统、数据处理系统和自动预警系统三部分组成。项目在下白滩泥石流沟现场布设泥石流自动监测与预警系统，主要布置方案如下：

（1）自动监测设备及传感器等布置在下白滩泥石流沟内，可实现仪器的自动启动、自动跟踪及监测功能，并可以实现数据的自动采集和传输。

（2）利用乌东德工程现场建立的微波通信系统，实现数据的远距离无线传输。

（3）基于高性能工作站建立的控制中心设置在乌东德设代处营地，在接收到监测数据后，通过系统分析，确定是否发出预警或预警等级。

（4）G101智能机动式观测站负责日常的例行监测，以及特殊时段的定点监测等内容。

泥石流自动监测与预警系统的布置如图9.25所示。

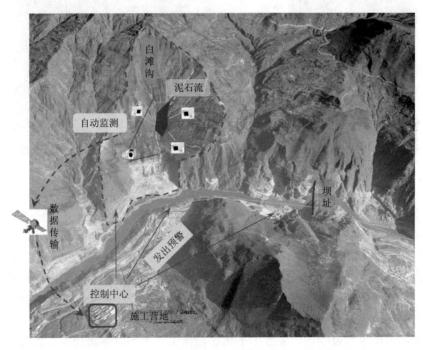

图 9.25　泥石流自动监测与预警系统布置示意图

9.3.4.2 信息采集系统现场实施

根据泥石流监测系统的功能要求，摄像头的位置应选择在视野开阔、基础稳固、干扰较小的地点，并且摄像头布设后能够尽可能的覆盖泥石流沟的较大范围。

根据现场施工布置条件，下白滩泥石流沟内在高程990m布置有左岸高线过坝公路，走向夹角近90°。在左高线1-2隧道进口设置有一座安全岗亭。经现场查勘，该处位于下白滩泥石流沟的流通区，视野开阔、交通便利、网络和电力条件较好，因此可在该处附近信息采集系统。

信息采集系统的设备主要包括 1 个热感摄像头（NS595‐610）、4 个普通光感摄像头。根据现场查勘的结果，摄像头主要布置在 1‐2 隧道洞口上方、左岸高程 1000m 附近的水池、右岸陡崖以及中部缓坡等 4 个部位，如图 9.26 所示。

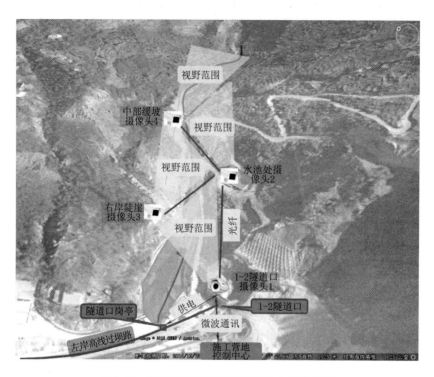

图 9.26　下白滩泥石流沟现场设备布置示意图

1. 摄像头点位选择

信息采集系统安装之前，摄像头拟定布置点位的现场具体条件如下所述。

（1）1‐2 隧道洞口站点。1‐2 隧道洞口目前已经进行了衬砌支护，上方有一个较平坦的大平台，如图 9.27 所示，该部位正对着下白滩泥石流沟的流通区，视野开阔，可视距离较远，并且距隧道口岗亭位置的距离仅 50m 左右，电力供应可从岗亭引出，利用微波设备可与设代处控制中心进行无线连接。

在该处适当位置布置立杆，安装 1 个热感摄像头和 1 个热感摄像头，以及网络交换机等附属设备。

（2）左岸水池外侧站点。在下白滩泥石流沟左岸高程 1000m 附近的施工便道旁，附近有一个施工水池，该处地势较平坦，距心距离较近，如图 9.28 所示。在该处可布置 1 个光感摄像头，电力供应从岗亭引出，网络系统用光纤与 1‐2 隧道洞口站点相连接，或直接利用微波设备与设代处控制中心进行无线连接。

（3）右岸陡崖部位站点。在下白滩泥石流沟右岸地势较陡，分布有一道陡崖，该处地

图 9.27 1-2 隧道洞口上方摄像头位置点示意图

图 9.28 左岸水池处摄像头位置点示意图

势较高且正对着下白滩泥石流沟主沟，视野开阔、可视距离较远，如图 9.29 所示。在该处可布置 1 个光感摄像头，电力供应从岗亭引出，网络系统用光纤与 1-2 隧道洞口站点相连接，或直接利用微波设备与设代处控制中心进行无线连接。

（4）泥石流沟中部缓台部位站点。在下白滩泥石流沟中部高程 1050m 有一个缓台，地势较缓，如图 9.30 所示。在该处可布置一个普通摄像头，用于监测 1050m 以上沟内的

图 9.29　右岸陡崖部位摄像头位置点示意图

泥石流情况，该站点电力供应从岗亭引出，网络系统用光纤与 1－2 隧道洞口站点相连接。

图 9.30　中部缓台部位摄像头位置点示意图

2. 光学摄像头及配套设施现场实施

根据实施方案，信息采集系统的设备包括美国引进的热感摄像头和国内购买的光学摄像头，由于两种摄像头是分别购置的，故信息采集系统分两次实施完成。

信息采集系统的光学摄像头及配套设施于 2016 年 8—9 月购置完成，并陆续运抵乌东德工地现场。2016 年 9 月，在乌东德设代处的大力支持下，信息采集系统的光学摄像头及配套设施完成现场安装，在 1-2 隧道洞口上方、左岸高程 1000m 附近的水池以、右岸陡崖以及中部缓坡等 4 个部位分别竖立了抱杆，并各安装了 1 个普通光学摄像头，现场施工照片如图 9.31~图 9.33 所示。

图 9.31 摄像头抱杆调试及混凝土基座照片

图 9.32 抱杆现场定位及安装照片

图 9.33　信息采集系统安装完成照片

　　信息采集系统的光学摄像头及配套设施安装完成后，利用乌东德设代处的视频汇聚盒等设施完成了信息采集系统的调试工作，调试工作显示，各光学摄像头均可正常使用，微波无线传输正常。

　　3. 热感摄像头现场实施

　　2017 年 2—3 月，泥石流自动监测与预警系统相关设备及软硬件在武汉完成了验收及相关培训工作；2017 年 3 月初运抵乌东德水电站工程现场，并在多个部位完成了系统的现场测试工作。

　　根据前期光学摄像头的布置情况，及泥石流自动监测与预警系统的现场测试成果，项目组成员对热感摄像头的位置进行了现场查勘，制订了实施方案，并在美国弗大公司技术人员指导下完成了摄像头的现场安装。

　　（1）现场查勘及实施方案制定。根据下白滩泥石流沟现场实际情况，在前期光学摄像头及配套设施基础上，项目组选择在 1—2 隧道洞口上方的水泥杆作为热感摄像头的布置点，具体位置如图 9.34 所示。

图 9.34　1—2 隧道洞口上方摄像头位置点示意图

　　2017年3月5日，项目负责人翁永红副总工率队前往下白滩泥石流沟现场查勘，对热感摄像头的布设点位及实施方案进行了现场讨论研究，如图9.35和图9.36所示。

图 9.35　项目组对热感摄像头位置现场查勘照片

图 9.36　热感摄像头点位视界范围示意图

　　项目组根据水泥杆与下白滩泥石流沟的相对位置，水泥杆高度及摄像头视界范围，确定了热感摄像头的安装高程及朝向角度等具体参数，同时对热感摄像头的供电、通信等要求制定了具体方案。最后，项目负责人翁永红要求项目组成员根据制定的实施方案开展工作，尽快完成热感摄像头的安装工作。

（2）热感摄像头现场实施。根据制定的热感摄像头实施方案，项目组积极与美国弗大工程运用公司技术人员进行沟通，了解并掌握了热感摄像头的具体实施要求。项目组根据要求完成了相关辅助材料的购置及配备（图 9.37），并为控制中心及工作站提供了独立的布置空间。

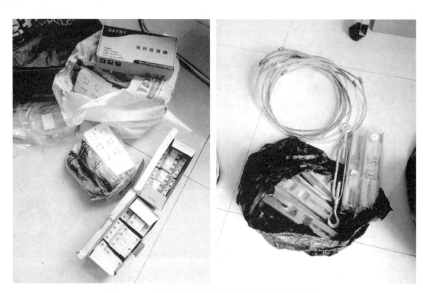

图 9.37　热感摄像头点位视界范围示意图

2017 年 6 月初，美国弗大工程运用公司傅有榕博士来到乌东德工地，现场指导系统及摄像头的安装。2017 年 6 月 9—11 日，在傅有榕博士的亲自指导下，对热感摄像头进行了现场安装及调试，如图 9.38～图 9.40 所示。

图 9.38　傅有榕博士在现场检查热感摄像头

图 9.39 热感摄像头现场安装照片

图 9.40 系统无线通讯现场测试

此次安装的热感摄像头型号为 SightSensor XA 智能热感摄头 NS305－600，安装位置在 1－2 隧洞洞口水泥杆上方约 5m 部位，供电从 1－2 洞口上方的 1 号光学摄像头通过电缆接入，并利用光缆与 1 号光学摄像头相连，利用微波设备与设代处控制中心实现无线通讯。

此次热感摄像头的安装位置未变，采用独立的微波传输设备实现无线通讯，经调试后，泥石流自动监测与预警系统的硬件设备安装实施完成，并成功应用至今。

（3）G101 智能机动式观测站验收及应用。G101 智能机动式观测站配备有土壤含水量计、雨量计等仪器，也可根据需要配备其他监测设备。2017 年 2 月，G101 智能机动式观测站随热感摄像头等设备一并运抵至武汉，经测试沟通后要求美国弗大工程运用公司为观测站配备蓄电池、无线通信 sim 卡等配件，以增强其机动性。

9.3.4.3　泥石流自动监测与预警系统建立

热感摄像头现场安装完成后，在傅有榕博士的指导下，在设代处控制中心工作站内安装了传感器数据融合分析软件及预警软件，建立了泥石流自动监测与预警系统，如图 9.41 所示。

图 9.41　泥石流自动监测与预警系统监控界面

9.3.4.4　系统应用

自泥石流监测系统交付以来，进行了大量的现场试验和现场监测应用，包括水流运动及低速运动测试、坡面溜渣运动测试、夜间运动物体捕捉测试、泄洪洞进出口边坡及水面波动测试、下白滩泥石流沟现场测试，取得了大量的实测资料和实测数据，特别是监测到了下白滩泥石流沟 2017 年 9 月发生的局部垮塌。具体系统应用成果如下。

1. 水流及运动监测应用

2017 年 3 月 1 日在乌东德水电站左岸泄洪洞进口进行监测应用测试，测试结果表明，该套系统可敏锐的识别到水面波动情况并发出预警信息,当采用温度场模式显示时可反映监测目标温度分布情况。监测应用成果如图 9.42 所示。图中 VA0 和 VA2 线框为监测预警重点关注范围,当该区域内无运动物体时,线框为"绿色",当识别到运动物体时线框变为"红色"并发出预警信息。此外,有监测图像可以看到各物体的温度分布情况,其中水面温度相对较低(蓝色),泄洪洞顶部因有施工和山体渗水也显示为蓝色,山体阳光直射部位显示为红色。

图 9.42 水流及水面波动测试

同时对厂区内运动车辆进行了监测测试应用,该系统可敏锐识别运动物体并发出预警信息,监测应用成果如图 9.43 所示。

图 9.43　水流及水面波动测试

2. 坡面溜渣运动监测应用成果

2017 年 3 月 3 日在乌东德水电站鲹鱼河弃渣场进行监测应用测试，测试结果表明，该套系统可敏锐的识别到坡面溜渣运动情况并发出预警信息，当采用温度场模式显示时可反映监测目标温度分布情况。监测应用成果如图 9.44 所示。图中 VA0 和 VA2 线框为监测预警重点关注范围，当该区域内无运动物体时，线框为"绿色"，当识别到运动物体时线框变为"红色"并发出预警信息。此外，有监测图像可以看到各物体的温度分布情况，其中车辆动力装置部位温度最高为"红色"。

图 9.44（一）　弃渣场溜渣监测应用

图 9.44 (二)   弃渣场溜渣监测应用

3. 夜间运动物体监测应用成果

2017年3月4日在乌东德水电站设代处楼顶进行了夜间运动物体监测应用测试，测试结果表明，该套系统可敏锐的识别到夜间物体运动情况并发出预警信息。监测应用成果如图9.45所示。图中VA0和VA2线框为监测预警重点关注范围，当该区域内无运动物体时，线框为"绿色"，当识别到运动物体时线框变为"红色"并发出预警信息。夜间小汽车运动和风吹草动情况均可识别。

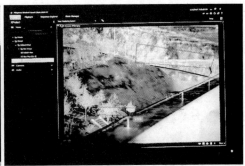

图 9.45   夜间运动物体捕捉测试

4. 下白滩泥石流沟局部垮塌

泥石流自动监测与预警系统安装完成后，正常运行至今，已积累大量实时监测影像数据，特别是在2017年9月6日凌晨1—3时之间，系统监测到下白滩泥石流沟边坡发生局部垮塌（图 9.46），在控制中心鸣笛报警的同时以邮件形式向项目组成员发出预警（图 9.47）。

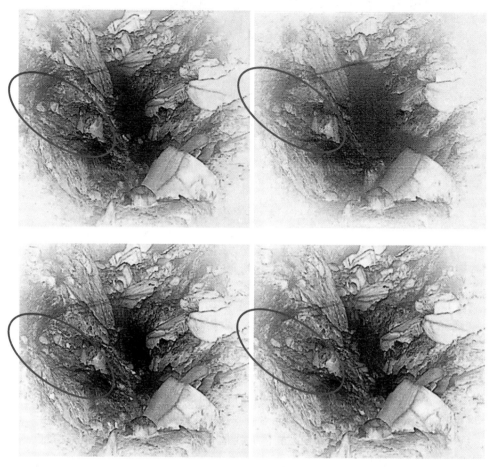

图 9.46　下白滩泥石流沟边坡发生局部垮塌监测视频截图

（a）光感摄像头拍摄画面　　　　　　　　　　　（b）热感摄像头拍摄画面

图 9.47　混凝土温度监测应用成果

5. 混凝土温度监测应用成果

在武汉进行了混凝土温度监测应用测试，测试测试结果表明，该套系统可敏锐的识别到夜间物体运动情况并发出预警信息，同时可精确监测大体积混凝土"点"温度和"面域"平均温度。监测应用成果如图 9.47 所示。图中 0、1、3 为"点"温度监测，线框"2"为面域温度监测。从图中可以看出，点温度分别为 31.2℃、39.1℃、35.6℃；面域平均温度为 39.8℃，最高温度为 41.0℃，最低温度为 34.3℃。同时可以看出，由于新浇筑混凝土的水化合反应放热，新浇筑混凝土温度明显高于老混凝土路面温度。